Adamu Dahiru
Gozen Elkiran

Tendência do Orçamento da Água do Norte de Chipre

Adamu Dahiru
Gozen Elkiran

Tendência do Orçamento da Água do Norte de Chipre

Visão geral integrada dos componentes da água

ScienciaScripts

Imprint

Any brand names and product names mentioned in this book are subject to trademark, brand or patent protection and are trademarks or registered trademarks of their respective holders. The use of brand names, product names, common names, trade names, product descriptions etc. even without a particular marking in this work is in no way to be construed to mean that such names may be regarded as unrestricted in respect of trademark and brand protection legislation and could thus be used by anyone.

Cover image: www.ingimage.com

This book is a translation from the original published under ISBN 978-613-9-92586-5.

Publisher:
Sciencia Scripts
is a trademark of
Dodo Books Indian Ocean Ltd. and OmniScriptum S.R.L publishing group

120 High Road, East Finchley, London, N2 9ED, United Kingdom
Str. Armeneasca 28/1, office 1, Chisinau MD-2012, Republic of Moldova, Europe
Printed at: see last page
ISBN: 978-620-5-62330-5

ÍNDICE

LISTA DE ABREVIATURAS

NC	North Cyprus
NC	North Cyprus
MCM	Million Cubic Meter
CM	Cubic Meter
SID	Water Works Department of NC
DSI	State Hydraulic Works of Turkey
SPD	State Planning Department
TL	Turkish Lira
PPM	Part Per Million of Salt Concentration
IWRM	Integrated Water Resources Management
ASP	Agricultural Structure and Production
LMR	Lefkosa (Nicosia) Main Region
GMR	Girne (Kyrenia) Main Region
MMR	Magusa (Famagusta) Main Region

CAPÍTULO 1

INTRODUÇÃO

1.1 Preâmbulo

Chipre é uma ilha com uma área terrestre total de 9.251 km^2 , costa de 1.364 km^2 e rodeada pelo Mar Mediterrâneo. Está localizada na parte sul da Turquia, entre três continentes: Europa, Ásia e África. O Norte de Chipre (NC) tem uma área terrestre de 3,229 km^2 e foi estabelecido como república em 1983. A NC está dividida em três regiões administrativas principais: Nicósia, Kyrenia e Famagusta, estas três principais regiões estão ainda subdivididas em dezassete sub-regiões agrícolas (ASP, 2012).

O Norte de Chipre tem recursos limitados de águas superficiais, portanto, depende em grande parte das águas subterrâneas como fonte principal para o abastecimento doméstico, indústrias e produção agrícola. O aumento gradual da população, o impacto da seca e o elevado consumo no sector agrícola tinham aumentado a procura de água para além da oferta disponível, levando assim a uma extraordinária escassez de água. Estudos anteriores verificam que a escassez de água em termos de quantidade começou desde os anos 60, levando muitas regiões a não terem acesso a um abastecimento adequado de água doce. Um esforço foi feito através do aumento da taxa de bombeamento de água subterrânea de modo a satisfazer a procura, esta foi a primeira estratégia adoptada durante um longo período de tempo servindo todas as necessidades de água dentro do país. Depois de um longo período de tempo, alguns estudos vieram actualizar a situação provando que, a taxa de bombeamento em Guzelyurt, zona de Famagusta e zona costeira de Kyrenia excedeu o rendimento dos aquíferos, levando assim ao declínio do nível dos lençóis freáticos, à intrusão da água do mar e à contaminação das águas subterrâneas com uma concentração muito elevada de sal de cerca de 5000ppm, o que não a torna adequada para o abastecimento doméstico nem para a irrigação, o que torna a escassez mais alarmante. Os seguintes aquíferos também foram afectados: Incilirli, Guvercinlik e Cayonu entre outros (Gokchekus et al. 2002).

Geralmente, para lidar eficazmente com o problema da água, é necessário conhecer a procura e a oferta de água característica de uma área. Em segundo lugar, quem são os utilizadores da água e como são aplicadas as estratégias de gestão? O problema narrado acima é o que suscita a necessidade da investigação para estudar a característica da procura e oferta de água, de modo a proporcionar uma actualização sobre a Tendência do Orçamento da Água do Norte de Chipre. O estudo foi realizado com base numa abordagem de análise integrada dos recursos hídricos através da compilação e estudo de dados actuais e históricos. Os regulamentos sobre água na NC, as relações estatísticas relevantes e o método Blaney- Criddle foram aplicados sempre que relevante no processamento de todos os dados recolhidos. Foi preparado um simples orçamento de água da NC sob a forma de programa Microsoft Excel que ajuda no processamento de dados e, eventualmente, os resultados obtidos para o orçamento de água de 2011 e 2012 foram comparados com os de estudos anteriores do Dr. Gozen Elkiran. Finalmente, foram fornecidas actualizações sobre a procura de água, disponibilidade de água, sobre a variabilidade de projectos e tendências.

Após todas as avaliações, avaliação e comparação de resultados, verificou-se que a tendência da procura doméstica de água é positiva, que está a aumentar com o aumento gradual da população, enquanto que a procura de irrigação flutua dependendo do tamanho da área cultivada anual.

Os resultados da investigação mostram que, a procura total de água para 2011 e 2012 foi de 111,8 e 125,2MCM, respectivamente. A capacidade média anual de recarga de todos os aquíferos disponíveis, incluindo os que foram contaminados, é de cerca de 103,9MCM, mas a sequela do fornecimento limitado das outras fontes que ainda bombeiam água subterrânea está para além da capacidade de recarga dos aquíferos. Devido ao elevado consumo no sector da irrigação, a extracção de água subterrânea para o ano 2000 foi de 138,5MCM enquanto que no ano 2001 foi de 120,7MCM e para 2002 foi de 112,5MCM. Do mesmo modo, para 2003 foi 112,2MCM enquanto que para 2010, 2011 e 2012 foram encontrados 135,3, 99,9 e 115,1MCM respectivamente, conforme detalhado no Quadro 5.2 e na Figura 5.6. Estes resultados justificam que houve uma extracção excessiva que precisa de ser controlada para evitar mais contaminação.

Ainda existem alguns aquíferos não contaminados, tais como Yesilirmark de capacidade de recarga 7MCM, Kyrenia Mountain aquifer 10MCM, Korucam 1.1 MCM e Lefke 15.5MCM que estão a ser utilizados para fornecer água doce a áreas próximas. Em 2011 e 2012, foi avaliada a quantidade de água obtida de outras fontes, tais como barragens e dessalinização, e constatou-se que era de 11,2 e 13MCM, respectivamente. A procura de água no ano 2012 foi de 125,2MCM infelizmente, a quantidade global de água doce obtida destes aquíferos não contaminados, dessalinização e barragens foi muito inferior à procura, provando que havia um desequilíbrio muito significativo entre a procura e o abastecimento de água doce, alternativamente até ao ano 2014, a escassez de água doce requer o bombeamento de água salgada para abastecimento a muitas partes do país, por exemplo Nicósia.

No que diz respeito ao ano 2012, a quantidade total de água tratada das estações centrais de tratamento de águas residuais de Nicósia, Famagusta, Guzelyurt e Kyrenia foi avaliada com base nas suas respectivas capacidades activas diárias e verificou-se que era de 9,5MCM, no entanto, apesar da escassez de água, essa quantidade de água está a ser descarregada para rios próximos e depois deixada fluir para o mar sem qualquer reutilização. Considerando a extensão da contaminação das águas subterrâneas e a Tendência do Orçamento de Água do País, poder-se-ia concluir que o projecto anual de abastecimento de água 75MCM em curso irá aliviar significativamente a escassez de água, mas poderá não acabar completamente com o problema da água, portanto, para alcançar a segurança da água, o governo precisa de planear mais projectos de desenvolvimento de água, analisando a possibilidade de implementar mais plantas de dessalinização, colheita de água da chuva e também através da revisão do sistema de gestão integrada de água existente e da sua aplicação.

Finalmente, com base na avaliação da economia agrícola realizada, foram gerados cerca de 146,6 e 115,1 milhões de UDS em 2011 e 2012 respectivamente, o que constitui um rendimento valioso para a NC, mas verificou-se que apesar da modernização dos métodos de irrigação ainda existe um elevado consumo de água no sector agrícola, particularmente na produção de citrinos. A avaliação indica que o cultivo de Tomate, Pepino, Pimenta, Abóbora, Alcachofra, Morango, Batata, Berinjela, Couve, e Uvas são mais rentáveis, verifique o apêndice iii para mais detalhes. A produção de citrinos consumiu por si só cerca de 41,9MCM e 41,1MCM em 2011 e 2012 respectivamente, mas os rendimentos gerados não foram muito, consequentemente, é aconselhável minimizar o fornecimento de água de irrigação para o cultivo de citrinos ou a sua produção poderia ser reduzida ou substituída por uma nova variedade de culturas que consomem menos água mas geram lucros valiosos.

CAPÍTULO 2

REVISÃO BIBLIOGRÁFICA

2.1 Estudos prévios sobre o problema da água

A investigação é um instrumento através do qual os problemas da sociedade podem ser identificados e avaliados, a fim de se encontrarem medidas estratégicas e soluções para o progresso e o bem-estar da humanidade. A fim de avaliar correctamente a tendência do orçamento da água da NC, foi considerado importante rever toda a investigação anterior relevante de modo a ter uma ideia sobre a componente geral do ciclo da água e o impacto climático na NC. Abaixo encontram-se um resumo e síntese de alguns estudos anteriores realizados em NC, Turquia e em alguma parte do mundo.

2.1.1 Estudos semelhantes no Norte de Chipre

Gokcekus et al. (1997), Evaluation of Domestic and Agricultural Quality of Ground Water in Guzelyurt Basin, a investigação trata da avaliação da qualidade das águas subterrâneas do aquífero de Guzelyurt para abastecimento doméstico e irrigação. Foi recolhida uma amostra de água de poços domésticos e de irrigação para análise química e exame físico. Com base nos resultados, a adequação da água de vários poços foi interpretada para o abastecimento doméstico. Da mesma forma, a adequação da água para irrigação foi interoperacional a fim de evitar a utilização de poços inadequados para o abastecimento de água a explorações de irrigação. Aqueles que tinham água de boa qualidade eram recomendados para uso contínuo para irrigação e para um rendimento óptimo.

Gokcekus et al. (1997), Water Demand in North Cyprus, investigaram o impacto da Montanha de Kyrenia (cordilheira de Kyrenia) e da Montanha de Torodos no clima de Chipre. Afirma que estas duas cadeias montanhosas são os obstáculos topográficos que impedem a maioria das nuvens pesadas de chegar à planície de mesaoria, o que é considerado como factor crítico que contribui para o declínio do nível da água e a intrusão da água do mar. Por conseguinte, sugeriu formas alternativas de abastecimento de mais água doce para satisfazer a procura da ilha.

Gokcekus et al. (2002), Water Management Difficulties with Limited and Contaminated Water Resources, Case study of NC. Esta investigação avaliou a extensão do problema da água no Norte de Chipre e discutiu os elementos que estão a contribuir para a contaminação dos recursos hídricos disponíveis. Além disso, avaliou a procura e oferta de água e também analisou os projectos de recursos hídricos existentes, os seus impactos positivos e negativos. Além disso, sugeriu possíveis formas de melhorar a produtividade dos projectos disponíveis e evitar a contaminação futura. Mais pormenores, a investigação salientou que o problema da qualidade da água e as dificuldades de gestão surgem não só devido à bombagem excessiva de águas subterrâneas de aquíferos costeiros, formação geológica, resíduos industriais, contaminação mineira e infiltração de resíduos, contribuindo para afectar a qualidade dos recursos naturais. Sugeriu que uma melhor utilização e qualidade dos recursos hídricos pode ser alcançada através da redução das perdas do sistema de água, políticas óptimas de preços ou comercialização da água, privatização, regulação das descargas de efluentes, monitorização da qualidade da água, bem como medidas de conservação do solo e da água.

Ergil (2002), Poor Management Impacts on Guzelyurt Aquifer, preocupado com o impacto da intrusão da água do mar no aquífero de Guzelyurt. Correlacionou os contornos do nível de água disponível e a concentração de sal para diferentes quantidades de precipitação. Também determinou a procura de água para práticas domésticas e de irrigação dentro da área. Além disso, recomendou que se fizesse uma estimativa mensal da intrusão directa da água do mar e da contaminação terrestre do aquífero costeiro de Guzelyurt.

Gokcekus (2001), Evaluation of Water Problem in NC, Narrated history of water scarcity in NC, avaliou a extensão do problema da água em duas perspectivas diferentes: (1) investigou o efeito da seca no clima do Norte de Chipre. Em segundo lugar, analisou o impacto positivo e negativo dos vários projectos de recursos hídricos levados a cabo através do a) Projecto de irrigação Yalya para o cultivo de citrinos b) Canal de desvio de Guzelyurt c) Reservatório Gemikonagi e outros projectos de reservatórios: d) Projecto de transporte de água em Balão a partir da Turquia Norte de Chipre pela Medusa.

Todos os projectos de capital acima mencionados acabaram por ficar abaixo das expectativas. O estudo sugeriu a adopção de métodos de irrigação modernos nas regiões de Yalya e manter o bombeamento a um rendimento seguro através de observação e análise regulares. Sugeriu que deveria ser fornecida água extra de outros locais para reanimar o aquífero na região. Sugeriu ainda que o estudo de viabilidade deveria ser cuidadosamente feito antes de se iniciar qualquer projecto de recursos hídricos. Além disso, sugeriu que o departamento de planeamento físico da NC deveria preparar e aplicar o plano director da água para a agricultura, educação e sector do turismo. Deveria ser planeado um programa de sensibilização para educar a sociedade sobre como utilizar a água eficazmente através de seminários e conferências em estabelecimentos de ensino (instituição primária, secundária e terciária).

Werner et al. (2012), Sea Water Intrusion Processes, Investigation and Management: Avanços recentes e desafios futuros, lidar com a intrusão da água do mar em aquíferos costeiros como um problema global, discutiu e comparou técnicas de condução de investigação sobre a intrusão da água do mar, tais como técnicas laboratoriais e baseadas em computadores. O actual processo de investigação sobre a intrusão da água do mar baseia-se em experiências de laboratório em tanques de areia e simulação numérica, a fim de revelar o efeito de surtos, interacção superfície - água subterrânea, heterogeneidade, contraste de densidade e bombeamento.

Wheel Right et al. (1989), Forecasting Methods for Management. Discutiram-se vários métodos de previsão de eventos futuros, métodos de séries cronológicas, séries cronológicas estacionárias (média móvel, média de pesagem e suavização exponencial), séries cronológicas baseadas em tendências (regressão linear e suavização exponencial dupla), séries cronológicas sazonais (método CMA e métodos de Inverno). Discutiu também como avaliar a previsão e como seleccionar o método adequado.

Conservation Ontario (2010), Gestão Integrada das Bacias Hidrográficas, Panorama do orçamento da Água. Esta visão geral discutiu o conceito de orçamento da água, aspecto técnico da avaliação do orçamento da água, e modelação. Da mesma forma, o aspecto legislativo do orçamento da água foi discutido para uma gestão eficaz dos recursos hídricos disponíveis.

Elkiran e Turkman (2008), Water Scarcity Impacts on Northern Cyprus and Alternative Mitigation Strategies, examinou a extensão da escassez de água na NC e discutiu os factores que levaram ao problema da água já na década de 1960. Finalmente, sugeriu medidas de mitigação que poderiam eventualmente ser favoráveis à revitalização dos recursos hídricos do país.

Elkiran e Ongul (2009), Implication of Excessive Water Withdrawals to the Environment of Northern Cyprus, A investigação avaliou e analisou o actual e histórico orçamento hídrico da NC em condições de seca e normais. Previu também a procura futura utilizando diferentes cenários; além disso, foi realizada uma análise económica dos recursos hídricos sobre a economia agrícola. Vale a pena fazer referência a guias para engenheiros, cientistas, e partes interessadas para estudos futuros.

Elkiran e Ergil (2002), Integrated Water Resources Planning and Management of North Cyprus: Estudo de caso sobre a oferta e procura de água, incluindo as condições de seca. Trata da avaliação da procura e oferta de água do ano NC 2001. Também avalia a procura futura de água através de um cenário optimista e pessimista. Além disso, foi realizada uma análise económica sobre economia agrícola. Com base nas suas conclusões, recomenda que, a utilização de água para a agricultura deve ser reduzida obrigando os agricultores a não cultivar mais do que o necessário. Outra alternativa é a planta de tratamento de base doméstica e a colheita de água da chuva. Também incentiva o projecto de transporte de 75MCM de água por condutas submarinas da Turquia para NC.

Hochstrat et al. (2009), Flexibility in Coping with Water Stress and Integration of Different Measures, Case Study Report on Cyprus, Investigated and recommend adaptative strategies that could be applicable to help in control water stress especially where impact from climate change affected the status of existing water resources e.g. implementation of dessalination plants, reuse of recycled water for Aquifer recharge and irrigation. Finalmente, desenvolvimento e implementação de um sistema integrado de gestão dos recursos hídricos.

Stelio (2009), Trends of Precipitation in Cyprus, Rainfall Analysis for Agricultural Planning. A investigação centra-se na análise do regime pluviométrico e das suas implicações para o planeamento agrícola no Norte de Chipre. Variação da intensidade da precipitação, período da estação chuvosa, distribuição, bem como risco de seca, foram todos estudados e discutidos.

Elkiran et al. (2001), Assessment of Water Budget of North Cyprus, Evaluated water demand in all sectors within the 17 sub-regions of the country, according to its findings, the water demand was found to be 103 MCM while the annual safe yield is 74.1 MCM. Foram examinadas deficiências de água, perdas de água devido a sistemas de transporte antigos e a quantidade de água desperdiçada devido à baixa eficiência dos sistemas de irrigação. O défice hídrico enfrentado pelas diferentes regiões administrativas de NC foi avaliado e verificou-se que se situava entre 3,6 e 36,6 MCM/ano. Recomenda-se que sejam construídas barragens adicionais e instalações de armazenamento subterrâneo para fins de acumulação de água e a fim de atrasar a passagem das águas superficiais para o mar, Além disso, deve ser concebido e construído um sistema de esgotos pluviais e uma estação de dessalinização para recuperar os resíduos líquidos de cada cidade, a fim de compensar o crescente défice hídrico.

Departamento do Ambiente, Ministério da Agricultura, Recursos Naturais e Ambiente através do Serviço Meteorológico de Chipre (2010), Impact of Climate Change in Cyprus, a investigação centra-se nas alterações climáticas e a sua constatação afirma que, em 2010, a precipitação diminuiu 17% (100mm) devido à seca e a temperatura aumentou 1° C desde o início do século. As alterações climáticas conduzem a graves problemas no sector agrícola, vulnerabilidade à desertificação em muitas áreas, aumento dos incêndios florestais durante os meses de Verão. A investigação sugerida não depende da precipitação como principal fonte de água doce, a reutilização de água reciclada deve ser considerada e as plantas de dessalinização devem ser implementadas.

Evrin (2012), Analysis and Water Agenda of NC, Lidar com factores que levam ao problema da água na NC. A análise relaciona o problema iminente da água com o uso descontrolado dos recursos hídricos, crescimento populacional, poluição dos recursos, evaporação excessiva e salinização do aquífero costeiro devido ao excesso de bombagem. O potencial anual de água é de 117,5 milhões de metros cúbicos com uma procura per capita de 285cu.m. 79% é utilizada para fins agrícolas, 13% para uso doméstico e 8% para uso industrial. Foram discutidas tentativas anteriores que incluem: implementação de técnicas modernas de irrigação, tratamento de água do mar, transferência de água da Turquia para a NC e construção de estruturas de armazenamento de água. Discutiu também o progresso de 75Milhões de metros cúbicos de abastecimento anual através de 80km sob conduta marítima desde a barragem de Alakopru (Turquia) até ao reservatório de Gecitkoy (Norte de Chipre) com data de conclusão prevista fixada para o início de 2014.

Elkiran e Ergil (2004), Water Budget Analysis of Kyrenia Region, Case Study Report of North Cyprus, centra-se na avaliação da contribuição do sistema de recursos hídricos disponíveis para o orçamento hídrico da NC. Foi apresentado um resultado pormenorizado da região de Kyrenia. Além disso, as condições dos recursos hídricos subterrâneos também foram aí declaradas. É considerado como uma das valiosas publicações disponíveis para a região.

Egil (2001), Estimation of Saltwater Intrusion Through a Salt Balance Equation and its Economic Impact with Suggested Rehabilitation Scenarios Determinou a quantidade de água utilizada regionalmente por abordagem

3D volumétrica usando dados de 20 anos de mais de 90 poços de bombeamento. A estoratividade dos aquíferos disponíveis foi estimada. O equilíbrio da água e o equilíbrio da equação do sal foram integrados no espaço e no tempo. Com base nos seus resultados, foram claramente apresentadas linhas de contorno mostrando a variação do nível do lençol freático e concentração de cloreto de sódio (Nacl). Foram sugeridas precauções e cenários de reabilitação para uma boa gestão dos aquíferos disponíveis.

Charalambous (2010), Urban Water Balance and Management, A case Study of Limassol Town. Examinou o nível de equilíbrio e gestão da água em áreas urbanas. Discutiu factores que contribuíram para o desequilíbrio na procura e oferta, tais como a urbanização, o crescimento populacional e a seca. Enfatizou a necessidade de mudar a abordagem da gestão dos recursos hídricos urbanos, a fim de abordar os problemas de sustentabilidade actuais e futuros.

Tsiourtis (1996), Water Management for Sustainable Agriculture in Cyprus: Gestão da quantidade, oferta e procura. O estudo investigou a situação dos aquíferos no NC e enfatiza a necessidade da gestão dos recursos hídricos na procura e oferta de todas as regiões. Foram sugeridas as seguintes medidas para reduzir as extracções excessivas dos aquíferos terrestres: adopção de sistemas modernos de irrigação, controlo das perdas na rede, fornecimento racional de água e taxas de água.

Charalambous (2001), Water Management under Drought Conditions, Esta investigação avaliou factores que levam ao aumento da procura de água em Chipre, a sua descoberta mostra que, o aumento significativo da procura foi associado ao aumento da população, Agricultura e indústrias. Também concluiu que, as fontes de água tradicionais não podiam satisfazer a procura, pelo que sugeriu a necessidade de diversificar e experimentar outras fontes, tais como a dessalinização. Algumas das medidas adoptadas pela Direcção da Água de Lemesos como estratégias para gerir o abastecimento de água potável à cidade de Lemesos e arredores em curso, condições de escassez de água e declaração dos custos incorridos, foram estatais. Foi também delineada uma breve informação sobre o processo de construção da dessalinização das fábricas da ilha.

Klohn (2002), Reassessment of the Island's Water Resources and Demand: Relatório de Síntese. O estudo trata da reavaliação da disponibilidade e utilização da água em todas as principais regiões de gestão hídrica. Avaliou a procura de água e forneceu uma actualização da Hidrologia da Ilha, com base nos registos de 2002. Forneceu também importantes políticas de gestão e adaptação. Além disso, o projecto recomenda a produção de resultados intermédios e resultados colaterais tendo em conta as ferramentas de melhoria para a recolha de dados, tratamento, análise, avaliação da adequação das redes de recolha de dados e revisão do quadro institucional e jurídico existente.

2.1.2 Estudos semelhantes na Turquia e em outros países

Otelio e Atolagbe (2003), Salt Water Intrusion into Coastal Aquifers in Nigeria, Este estudo trata da hidrogeologia do Delta do Níger e das bacias do Benim; avaliou o grau de contaminação das águas subterrâneas devido à intrusão de água salgada do Oceano Atlântico para as bacias acima referidas. Finalmente, recomenda algumas estratégias aplicáveis para mitigar a futura intrusão dentro da área de estudo.

Kumar (2000), Management of Groundwater in Salt Water Ingress Coastal Aquifers, discutiu factores que levam à intrusão de água do mar em aquíferos costeiros, Método de detecção e monitorização da concentração e intrusão de água salgada, tais como técnicas geoquímicas e métodos geofísicos (aspecto geológico do aquífero: condutividade dos poros da água). Além disso, foram sugeridas medidas sobre como restaurar os sistemas de águas subterrâneas na costa.

Duzen et al. (2013), Desenvolvimento Sustentável dos Recursos Hídricos na Turquia. Avaliou ainda os problemas e condições dos recursos hídricos nas zonas rurais da Turquia, descobriu que, o regime de precipitação na Turquia varia de acordo com as estações e regiões, pelo que as contramedidas foram concebidas para o desenvolvimento sustentável.

Kanat, (2004), Watershed Resources Management in Istambul após a seca. Esta investigação investiga a evolução recente dos recursos hídricos de Istambul e a crise da água urbana. Também avalia o crescimento da população de Istambul e avalia a gestão dos recursos hídricos após anos de seca. De acordo com as suas conclusões, a principal razão da grave escassez de água está associada à má gestão dos recursos.

Matondo (2001), Water Resources Planning and Management for Sustainable Development, the Missing Link. Esta investigação investigou e discutiu políticas conservadoras e integradas de planeamento e gestão dos recursos hídricos para o desenvolvimento sustentável. O autor enfatiza a necessidade de uma coordenação adequada no seio das autoridades de monitorização orçamental da água a todos os níveis de governo, como uma questão importante para o desenvolvimento sustentável.

FOA Water Report No. 36 (2013), Climate Change, Water and Food Security. Discutiu o impacto das alterações climáticas na Agricultura e na gestão da água agrícola. A publicação resume os desafios que a agricultura e a água enfrentam sem considerar as alterações climáticas, integrando depois o impacto específico do clima em diferentes regiões do mundo. Finalmente, sugere a adaptação e algumas medidas de mitigação.

Trenberth et al. (2006), Estimate of the Global Water Budget and its Annual Cycle Using Observational and Model Data. Deu uma breve revisão da secção de análise climática no Centro Nacional de Investigação Atmosférica (NCAR) sobre o ciclo da água. Os resultados foram utilizados para estimar o ciclo hidrológico global para meios anuais a longo prazo para os reservatórios e o fluxo de água para os mesmos. Também fornece informações sobre precipitação mensal, evapotranspiração, convergência da humidade atmosférica da área terrestre. De acordo com os seus resultados, a precipitação excede a evapotranspiração fisicamente irrealista, devido ao facto de que, a evaporação excede na sua maioria a precipitação sobre o solo, particularmente nas regiões tropicais e subtropicais.

Fikos et al. (2005), Water Balance Estimation in Anthemountas (Grécia) River Basin and Correlation with Underground Water Level. O ESRI ArcGIS 9 Ambiente foi utilizado para obter vários dados e apresentar cálculos detalhados do balanço hídrico da referida área de estudo. A correlação entre o caudal do rio Anthemountas, o nível da água subterrânea, a precipitação, o clima e a evaporação foram todos discutidos. Da mesma forma, a relação entre procura e oferta, balanço hídrico negativo e queda do nível de água subterrânea também foi avaliada e discutida.

Bouwer (2002), Integrated Water Management for the 21ª Century-problem and Solution. Sublinha a necessidade e a importância da gestão integrada dos recursos hídricos no controlo da saúde pública, protecção ambiental, economia e sustentabilidade. Além disso, afirma a importância do armazenamento das águas superficiais, dos recursos hídricos subterrâneos e da reutilização das águas residuais, pela sua contribuição para colmatar a lacuna entre a procura e a oferta.

New Jersey Department of Environmental Protection (2000), Water Budget in the Raritan River Basin. Discutiu o conceito básico de orçamento hídrico e apresentou o orçamento hídrico de três bacias hidrográficas no rio Raritan com base na média a longo prazo e numa base anual. Também se concentra na análise da precipitação anual recebida por evaporação, escoamento e infiltração. Finalmente, foram desenvolvidas estratégias de gestão para a segurança da água.

Myers et al. (2008), Impacts of Multiple Stresses on Water Demand and Supply Across the Southeastern United States. Esta investigação trata da orçamentação da água disponível a partir de várias fontes para a oferta a fim de servir a procura da área de estudo. O índice de stress no abastecimento de água e a relação entre o índice de stress no abastecimento foram determinados a fim de avaliar a condição de stress hídrico. Descobriu-se que o crescimento demográfico acentua significativamente o abastecimento de água na área metropolitana da Florida e do Piemonte. Outros factores incluem as alterações climáticas e a cobertura do solo. O uso do solo e o modelo da população humana foram utilizados para projectar o stress de abastecimento para 2020.

Kenney et al. (2004), Use and Effectiveness of Municipal Water Restrictions During Drought in Colorado. Determinou o impacto da conservação da água, da restrição da água e da gestão urbana da água para uma utilização eficaz da água doméstica em condições de seca. Outras abordagens foram aplicadas por 8 fornecedores de água, para comparação entre a utilização de 2000 e 2001. A restrição obrigatória foi realizada como a melhor forma eficaz de lidar com a seca. Foi possível obter uma poupança de 18 a 56% em comparação com uma poupança de 4 a 12% durante a restrição voluntária.

Universidade de Fahad (2014), Impact of Agricultural Policy on Irrigation Water Demand: Estudo de caso da Arábia Saudita. Tratar da avaliação das necessidades de água para irrigação de várias culturas cultivadas na Arábia Saudita. Percebeu-se que o país tem vindo a explorar fortemente os lençóis freáticos para irrigação, a fim de alcançar propositadamente a segurança alimentar. Com base na avaliação, o cultivo de algumas culturas, incluindo o trigo, foi desencorajado de modo a limitar a extracção de água. Do mesmo modo, foi decretada uma nova política para reduzir a extracção excessiva e encorajar a importação de alimentos.

David (2013), Regulamento e Realidade: Algumas reflexões sobre 50 Anos de Experiência Internacional em Água e Águas Residuais. Este artigo discutiu desenvolvimentos importantes e recentes relativos ao nível de tratamento de águas residuais para reutilização. Enfatiza também a regulamentação que é necessário observar antes da reutilização de águas sanitárias.

Combalicer et al. (2010), Assessing Climate Impacts on Water Balance in the Mount Makiling Forest, Filipinas. Investigou o impacto das alterações climáticas na bacia hidrográfica da floresta de montanha. Foram descobertos os seguintes factos sobre o balanço hídrico da bacia hidrográfica, 42% da precipitação é convertida em evaporação, 40% em fluxo de água e 10% em perdas devido a infiltrações profundas. Concluiu-se finalmente que o balanço indica uma flutuação dramática de eventos hidrológicos que provocam elevadas perdas por evaporação, diminuição do fluxo do ribeiro mas o fluxo subterrâneo permanece inalterado, com base nestes desenvolvimentos, foram fornecidas medidas estratégicas sobre como mitigar o efeito das alterações climáticas.

WMO (2012), Technical Material for Water Resources Assessment. Esta publicação fornece um guia técnico num formato lógico sobre como realizar a avaliação dos recursos hídricos. O guia foi desenvolvido e preparado por especialistas experientes como a Dra. Annia Calver, a Dra. Jeanna Balonnishniova e.t.c. Foram discutidos detalhes sobre a abordagem geral sobre avaliação de recursos hídricos, tais como técnicas de recolha e processamento de dados, análise da precipitação, impacto da extracção de água, uso do solo, poluição e clima.

Rawat et al. (2014), Poor State of Irrigation Statistics in India: O Caso das Bombas, Poços e Poços Tubulares. Investigado o impacto de estatísticas pobres sobre a água subterrânea extraída para irrigação, isto foi conseguido através da comparação de dados registados obtidos de quatro agências governamentais, os dados incluídos são para a extracção de água subterrânea através de poços tubulares, bombas diesel e bombas eléctricas de meados dos anos 80 a meados dos anos 2000. A investigação descobriu grandes divergências na documentação dos dados! Isto requer atenção urgente porque a falta de dados adequados e fiáveis afecta o cálculo realista de informações importantes sobre a extracção de águas subterrâneas.

Aqadi et al. (2013), Water Policy in Jordan. Este artigo analisa as políticas passadas sobre a gestão da água na Jordânia. O problema da água na Jordânia foi atribuído ao fracasso da política e da implementação, a eficácia e fraqueza das políticas foram avaliadas com base nas recomendações feitas sobre como melhorar a gestão e o processo de planeamento. Do mesmo modo, a implementação de mais instalações de dessalinização é considerada como uma das opções viáveis a ser adoptada de modo a satisfazer a crescente procura de água.

Zekri et al. (2013), Managed Aquifer Recharge Using Quaternary Treated Wastewater: Uma Perspectiva Económica. Este artigo investigou a possibilidade de recarga de aquíferos usando aquíferos tratados. Cerca de 31 milhões de metros cúbicos de água sanitária serão produzidos anualmente a partir de Muscat e Omã. Centra-se no aspecto sanitário e económico da adopção desta recarga artificial após tratamento de osmose inversa, mas considerando os riscos para a saúde, o projecto enfrenta a rejeição dos utilizadores domésticos de não estarem dispostos a misturar a água sanitária tratada com o abastecimento doméstico.

Omar (2013), Procura de água versus oferta na Arábia Saudita: Desafios actuais e futuros. Lidar com a análise da procura e da oferta. Percebeu-se que a Arábia Saudita está a adquirir água para satisfazer a procura através de recursos hídricos convencionais e não convencionais, juntamente com a extracção excessiva de águas subterrâneas. A investigação previu uma possível lacuna entre a procura e a oferta para os próximos 20 anos através de 3 cenários diferentes: Pessimista, moderado e optimista. O estudo previu que a Arábia Saudita irá experimentar uma tagarelice entre a procura e a oferta, pelo que são necessários planos de conservação e gestão para enfrentar a escassez futura.

Dessu et al. (2013), Assessment of Water Resources Availability and Demand in the Mara River Basin. Trata da avaliação da disponibilidade e procura de água doce em toda a bacia hidrográfica do rio Mara. Foram definidas doze sub-bacias e a sua disponibilidade de água foi avaliada com base na precipitação a longo prazo - simulação de escoamento superficial com a ajuda da ferramenta de avaliação do solo e da água (SWAT). Um modelo foi personalizado e utilizado na avaliação do estado dos recursos hídricos da bacia juntamente com a procura antecipada, foi utilizada uma matriz de espaço-tempo para mostrar o resultado do modelo para facilitar a compreensão e a tomada de decisões. O resultado da investigação mostra uma variabilidade considerável da disponibilidade e procura de água dentro da bacia.

Anghileri et al. (2014), Trend Detection in Seasonal Data (Detecção de tendências em dados sazonais): Da Hidrologia aos Recursos Hídricos. Este documento investiga a relação entre a tendência hidroclimática e os seus impactos nos recursos hídricos numa comparação à escala da bacia hidrográfica da Suíça e da Itália para o período entre 1974 - 2010. A análise dos dados foi realizada utilizando a média móvel no horizonte de mudança (MASH) que permite a investigação simultânea de dados sazonais e filtrar o efeito da variabilidade interanual, facilitando assim a análise e detecção de tendências. A análise mostra que há mudanças estatisticamente consideráveis no registo hidroclimático, mas que tiveram um impacto limitado nos recursos hídricos.

J. Gupta et al. (2007), Inter-basin Water Transfer and Integrated Water Resources Management: Onde a Engenharia, Ciência e Política se Interbloqueia. Este artigo avalia a situação da transferência interbacias hidrográficas numa perspectiva multi-displanar e também discute se tal transferência é compatível com o conceito de gestão integrada dos recursos hídricos. Os critérios para a transferência entre bacias foram propostos por comissões internacionais, cientistas e comunidades políticas, de modo a servirem de guia para a avaliação. Os critérios foram aplicados a algum projecto de ligação fluvial na Índia para avaliação preliminar, finalmente concluiu-se sobre a capacidade institucional necessária para controlar a água e também para adoptar mudanças de política ambiental.

Cheng Fu et al. (2012), Cropping Pattern Modification Change Water Resources Demand in the Beijing

Metropolitan Area. Esta investigação investigou o impacto das mudanças no padrão de cultivo e na variabilidade da procura, e discutiu também como as recentes mudanças no cultivo afectam os recursos hídricos na metrópole de Pequim. Foi descoberto que existe um aumento significativo na necessidade de água de irrigação como resultado de mudanças no padrão de cultivo, desde cereais a culturas hortícolas, o que afecta grandemente o abastecimento doméstico. Finalmente, concluiu-se sobre a necessidade de desenvolver uma política integrada de recursos hídricos.

Fenghua et al. (2012), Impact of Climate Change on Water Resources at Local Area in Anhui Province. Investigou a correlação entre as alterações climáticas e os recursos hídricos e o seu impacto no ecossistema natural, na produção agrícola e na vida humana. Foram analisados dados hidrológicos e climáticos de 50 anos da província de Anhui, utilizando a variação linear de tendências e o método estatístico. A descoberta mostra que a precipitação e a temperatura têm vindo a aumentar na bacia de Chaochu e Ninggou, enquanto se observou uma ligeira diminuição em Chuzhou.

Shangwei Qu et al. (2012), A Water Management Strategy Based on Efficient Prediction and Resource Allocation. Esta investigação trata do desenvolvimento do sistema de programação da distribuição de água, com o objectivo de assegurar que os recursos hídricos disponíveis possam ser utilizados para satisfazer a procura da China entre 2013 e 2025. Com base no segundo método exponencial de calmante, a procura foi avaliada em 616 mil milhões de metros cúbicos, enquanto que os recursos hídricos são de quase 531 mil milhões de metros cúbicos para o ano de 2013. Os resultados indicam que, Guangdang e Jiansu irão sofrer uma grave escassez de água. Portanto, o modelo de alocação de recursos hídricos (WRAM) deve ser aplicado para minimizar as despesas com a alocação de água e também para a conservação.

Kim-Poh et al. (2013), Using System Dynamics for Sustainable Water Resources Management in Singapore. Num esforço para alcançar a segurança da água, Singapura investiu significativamente na dessalinização, gestão da captação de água, recuperação de resíduos e muitos outros projectos relacionados. Entre as formas alternativas de aumentar o problema da escassez de água, os decisores e legisladores estão interessados em saber quais os métodos eficientes e o plano sustentável a adoptar. Esta investigação desenvolve o modelo System Dynamic (SD) do título Singapore water, que foram utilizados para analisar o impacto a longo prazo de diferentes planos de investimento. A descoberta da investigação indica que investir apenas no armazenamento de água subterrânea não é suficiente. Conclui-se assim que, se as infra-estruturas de dessalinização forem implementadas após a escassez, então resultará em 5 anos de escassez de água antes que se possa alcançar o equilíbrio, daí a necessidade de construir infra-estruturas de dessalinização com antecedência de modo a enfrentar a escassez de água no futuro.

CAPÍTULO 3

CONCEITO DE RECURSOS HÍDRICOS E GESTÃO DA ÁGUA NA NC

3.1 Conceito de Gestão Integrada dos Recursos Hídricos

A gestão integrada dos recursos hídricos é um processo sistemático para alcançar o desenvolvimento sustentável através de uma atribuição adequada e um controlo adequado dos recursos hídricos disponíveis, tendo em conta objectivos económicos, sociais e ambientais. Trata dos desafios da gestão sectorial em que a responsabilidade do abastecimento de água potável é controlada por uma Agência, da água de rega com outra Agência e do ambiente também com outra Agência. A falta de coordenação e de ligação conduz principalmente a uma gestão descoordenada e desfragmentação do esforço de desenvolvimento, levando assim à contaminação dos recursos, a conflitos e a um desenvolvimento insustentável. Por conseguinte, para alcançar o desenvolvimento sustentável e a segurança da água, é imperativo ter uma ligação entre as agências que governam a água e que controlam as utilizações sectoriais da água, como mostra a Figura 3.1 (Ontário, 2010).

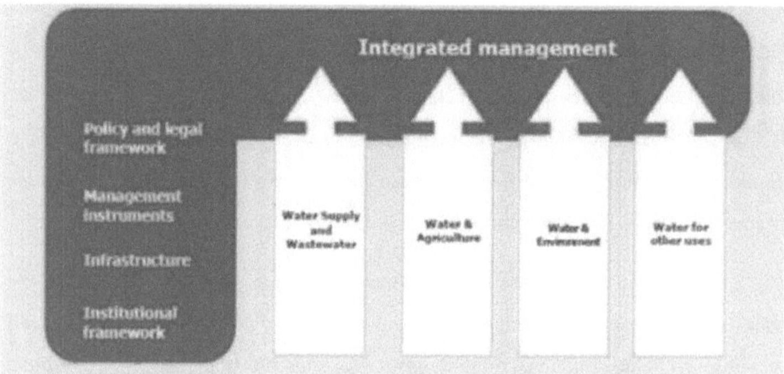

Figura 3.1: IWRM e a sua ligação a outros subsectores (GWP, 2000)

Nos últimos anos de 2011 e 2012, os recursos hídricos da NC compreendem a precipitação, Barragens, Lagoas e águas subterrâneas, outras fontes incluem a dessalinização e água reciclada através de plantas sanitárias. Estes recursos são limitados devido ao facto de não existirem rios perenes, excepto alguns cursos de água efémeros que correm durante a estação chuvosa, contribuindo com uma pequena quantidade de água para a procura doméstica e de irrigação. Com todos os recursos acima referidos à sua disposição, o país tem registado escassez de água desde 1960 até à data, isto está associado a recursos hídricos escassos, crescimento populacional, urbanização, impacto da seca, elevado consumo pelo antigo sistema de irrigação e, acima de tudo, gestão convencional da água (Gokcekus et al. 2002).

3.2 Orçamento de Água Natural e Balanço de Água

Orçamento da água é um termo científico que significa basicamente informação técnica sobre como a água ocorre e flui naturalmente dentro e fora de uma bacia hidrográfica, lago ou qualquer área geográfica de interesse. O orçamento de água de uma bacia hidrográfica tem duas componentes: entrada e saída. A componente de entrada inclui a precipitação, escoamento superficial e a entrada de águas subterrâneas. A componente de saída abrange a evaporação, transpiração, escoamento de águas superficiais, escoamento de águas subterrâneas e procura para uso doméstico, uso industrial e produção agrícola, como mostrado na Figura 3.2 (Nova Jersey, 2000).

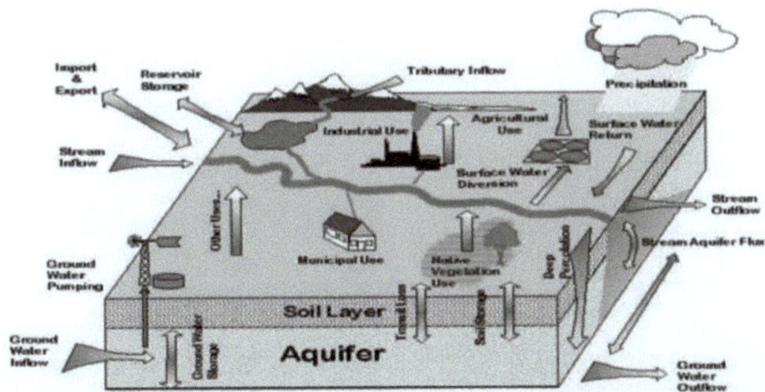

Figura 3.2: Orçamento de água conceptual de uma bacia hidrográfica

A avaliação do orçamento da água refere-se à avaliação da água disponível de várias fontes, ao estudo da relação chuva/fluxo, bem como à procura e oferta para uma variedade de utilizações. Trata também do impacto das alterações climáticas, Urbanização e interacções humanas que podem alterar significativamente o abastecimento natural de água, especialmente se houver Mar, Lagoas ou Pântanos nas proximidades. A avaliação do orçamento da água é necessária para determinar possíveis alterações no armazenamento de modo a planear medidas de mitigação para uma boa gestão da água.

Matematicamente, a equação do orçamento da água pode ser expressa com base nas componentes delineadas abaixo:

$$\dotfill 1$$

Onde:

ΔS: Mudança no armazenamento

P: Precipitação

E: Evaporação

ET: Evapotranspiração

SRO: Escoamento de Superfície

GF: Fluxo terrestre

Se o valor da expressão no lado direito da equação for positivo, o armazenamento irá aumentar e o nível de água na área de estudo irá aumentar. Uma mudança positiva no armazenamento é muitas vezes denominada de excedente, enquanto uma diminuição no armazenamento é geralmente denominada de défice (New Jersey, 2000).

3.3 Informação biofísica

3.3.1 Características de Topografia e Drenagem/Streams

O Chipre é uma ilha que é meramente dominada por duas cadeias de montanhas: A montanha de Troodos e Kyrenia com a planície central da Mesaria situada no meio. A Montanha de Troodos de altitude 1,952m cobre uma parte significativa do oeste e sul da ilha, quase metade da sua área. A montanha de Kyrenia é estreita, estendendo-se ao longo da costa norte, mas tem menos altitude e ocupa menos área em comparação com Troodos, como mostra a Figura 3.3 (Wikipedia, 2012).

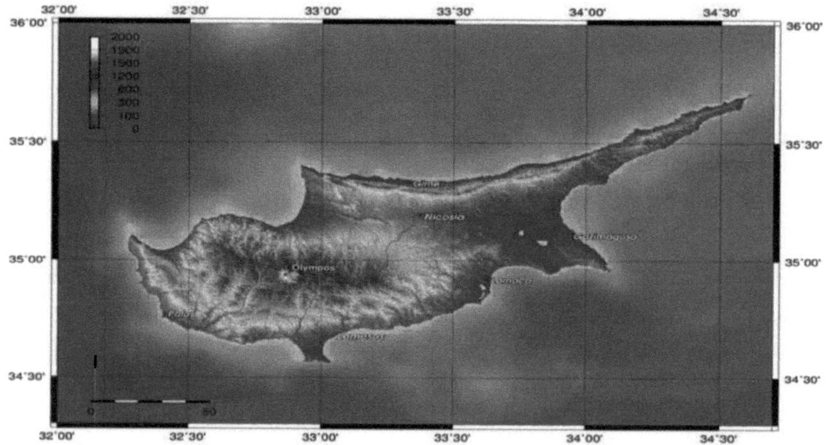

Fig 3.3: Mapa topográfico de Chipre, Monte Troodos (1.952m) e Cordilheira de Kyrenia (Wikipedia, 2012)

Sequela ao impacto climático árido e à natureza montanhosa do Norte de Chipre, o acesso a um abastecimento adequado de água doce tinha sido difícil. Não existem rios perenes em toda a ilha, excepto alguma rede de riachos efémeros que têm origem natural na Montanha de Troodos e correm para direcções diferentes, como mostra a Figura 3.3. Todos os cursos de água se tornam secos durante o Verão, os rios Pedhieos e Yialias correm para leste através da Mesaria até à Baía de Famagusta, como mostra a Figura 3.3, enquanto o rio Serraghis corre para noroeste através da planície de Morphou. Foram construídas várias barragens e cursos de água para armazenar e desviar a água para áreas agrícolas (Wikipedia, 2012).

Kanlidere e Yalya são os principais cursos de água no NC, além disso, há dez rios efémeros que tiveram origem na montanha de Troodos, no sul de Chipre, descarregando anualmente cerca de 43MCM de água, mas actualmente os rios têm sido represados a montante na parte sul da ilha (Wikipedia, 2012).

3.3.2 Uso da terra e cobertura vegetal

O uso do solo, como a Urbanização, contribui para gerar uma grande quantidade de escoamento superficial durante o período de Inverno, em alternativa, as florestas e as terras de pastagem retêm o escoamento e assim atrasam e permitem que uma parte significativa da água se infiltre no solo. Como foi anteriormente discutido que a área total de terra da NC é de 3.229 km^2 , a Tabela 3.1 fornece a distribuição dos recursos de terra pelo país (ASP, 2012; Wikipedia, 2012).

Quadro 3.1: Uso do solo em NC (ASP, 2012)

Land Use	Area (Donum)	(%)
Agriculture	1,398,123	56.7
Forest	480,740	19.5
Grassing	122,157	5.0
Towns, Villages, Rivers and Dams	263,471	10.7
Unused Land/Bare soil	201,061	8.1
Total	2,465,552	100

Chipre tem uma variedade de vegetações naturais que compreendem florestas e gramíneas cobrindo 19,5% e 4,95% respectivamente. As árvores de folha larga e coníferas florestais como Ciprestes, Pinus Brutia, Cedro e Carvalhos são os principais tipos de plantas arbóreas que se encontram em Chipre. A Mesaria era densamente arborizada e ainda existem florestas consideráveis nas gamas de Kyrenia e Troodos, particularmente em altitudes mais baixas, o que atrasa o fluxo de escoamento e aumenta a infiltração, bem como a recarga do solo. Na área de cobertura vegetal onde não existe floresta, verifica-se que comunidades arbustivas altas como o medronheiro, o carvalho dourado, a oliveira existem e crescem a diferentes altitudes como mostra a Figura 3.4 (Wikipedia, 2012).

(a) Urbanization   (b) Agriculture   (c) Vegetation Cover

3.3.3 Geologia e águas subterrâneas

Na opinião do geólogo, a extracção de águas subterrâneas em todo o Chipre tinha-se tornado perigosamente desprovida de lei, pelo que requer uma aplicação severa dos regulamentos novos e existentes. A concentração normal de sal na água potável é inferior a 400ppm, mas Guzelyurt aquíferos e alguns outros tornaram-se completamente salinos a uma concentração de cerca de 5000 ppm de sal. Estes aquíferos necessitarão definitivamente de muito tempo de estações chuvosas ou décadas para se reabastecerem até ao estado de água doce e também para se encherem até ao nível normal da água. Na realidade, é muito possível que a maioria destes maravilhosos recursos se perca completamente para sempre se a extracção continuar para além do rendimento seguro (Ellis, 2009).

As investigações geológicas mostram que existem vários tipos de lençóis freáticos e aquíferos (aquíferos confinados não confinados e remendados). Estes aquíferos são recarregados de diferentes maneiras, alguns por rios originários da cordilheira de Troodos e Kyrenia, enquanto outros por afluência de águas subterrâneas.

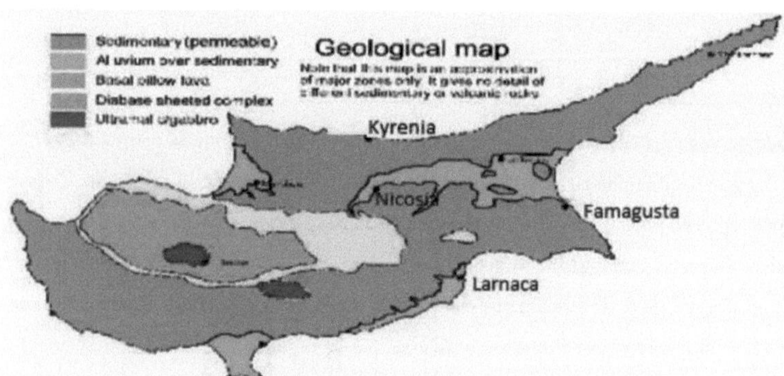

Figura 3.5: Mapa Geológico de Chipre (Ellis, 2009)

A figura 3.5 mostra um detalhe mínimo da formação geológica de toda a ilha, a montanha de Kyrenia (Besparmak) é rochas sedimentares permeáveis que se estendem 160 km ao longo da linha costeira de Kyrenia. Consiste significativamente em cal e arenitos de diferentes tipos, formados pela actividade sísmica no mar. Durante o Inverno, uma percentagem significativa da precipitação infiltra-se nas rochas e escorre para baixo percolando diferentes camadas, na medida em que as camadas permanecem porosas. Considerando as encostas a sul, a camada porosa estende-se muito bem até muitos quilómetros a sul dos contrafortes até à Mesaria e transporta água para, por exemplo, a zona séptica de Nicósia. Do mesmo modo, não havia água Vadose na região, mas existem vários aquíferos freáticos dos quais se extraía água doce a um nível diferente. A qualidade da água subterrânea é geralmente justa devido ao facto de conter sais de cálcio dissolvidos de calcário (Ellis, 2009).

Besparmak Mountain é traduzida como montanha de cinco dedos devido a cinco secções elevadas perto de Kyrenia. Geologicamente, consiste em formação sedimentar e algumas rochas metamórficas, bem como rochas ígneas. A montanha tem muitas estruturas históricas como o castelo de Kantara e mosteiros, incluindo o Castelo de St. Hilarion. Um incêndio selvagem prejudicial em Julho de 1995 leva à queima de partes significativas destas montanhas que provocam a perda de grandes habitats naturais e terrenos florestais (Ellis, 2009).

Foi cientificamente observado que, em muitos locais, existe formação sedimentar sobreposta por depósitos geológicos aluviais recentes transportados e trazidos para baixo por sistemas fluviais naturais muito antigos que correm do maciço de Troodos e cobrem quase metade da parte oriental da Mesaria, a noroeste de Famagusta, bem como a sudoeste de Nicósia. Além disso, existe em Larnaka e Guzelyurt, estendendo-se até Zygi. A península de Akrotiri é quase uma formação aluvial na região. O aluvião consiste em rochas sedimentares não consolidadas (marl) e argilas que normalmente formam uma camada impermeável sobre as formações rochosas subjacentes existentes (Ellis, 2009).

O Monte Troodos é rocha vulcânica impermeável metamorfosada. A precipitação é absorvida na formação através de aberturas denominadas favo de mel de falhas sísmicas e outras fissuras estruturais disponíveis. Não há aquífero ou lençol freático na formação mas a água está na forma de Vadose, que é relativamente macia em qualidade, havendo pouca formação cálcica sedimentar com variedade de sais minerais dissolvidos dependendo da formação rochosa através da qual percola. Quando essa água de Vadose atinge a superfície, ela flui e forma uma fonte que é explorada e embalada como água de garrafa (Ellis, 2009).

Devido à altitude elevada, a água flui com uma pressão desde que haja precipitação. Em muitos casos, quase toda a água flui de regiões vulcânicas através de fendas e abertura e depois entra em formação mais porosa na área da Mesaria e planície costeira abaixo do nível do mar, a pressão da água evita a sua contaminação pela água do mar à medida que a direcção do fluxo vai em direcção ao mar (Ellis, 2009).

Nas áreas planas, uma grande quantidade de água era previamente extraída através de furos para além da capacidade de produção, o que leva à secagem de alguns dos aquíferos freáticos disponíveis, juntamente com uma queda drástica do nível de água, especialmente nas regiões agrícolas. Por outro lado, a área de Pyrga tem um abastecimento ilimitado, o seu lençol freático está disponível a poucos 10 metros abaixo do nível do solo (Ellis, 2009).

Na região do maciço de Troodos e à volta dos contrafortes, por exemplo Stavrovouni, o abastecimento de água subterrânea tornou-se menos fiável devido ao facto de os poços e furos terem de penetrar na água transportando fendas ou falhas de modo a serem recarregados, por exemplo, na área de Mosfiloti. Em Julho de 2008, um furo de sondagem

foi perfurado na zona, mas devido à diminuição do nível da água, a pressão hidrostática diminuiu, permitindo a infiltração da água do mar para os aquíferos, particularmente nas zonas agrícolas. Este caso é muito alarmante na parte sudeste de, por exemplo, Famagusta, Dhekelia e Cabo Greco, onde a água salobra foi notada em poços de bombeamento. Os aquíferos contaminados nestas regiões podem permanecer inutilizáveis durante uma década, mesmo que reabastecidos com água doce após uma precipitação adequada, isto deve-se ao intervalo de tempo entre a precipitação que cai nas montanhas atingindo os níveis mais baixos e também porque a descarga do sal dos aquíferos contaminados é um longo processo de diluição contínua e sucessiva. Algumas outras regiões, incluindo as hortas de mercado em torno de Maroni, com uma importante produção de tomate e pepino, também sofreram problemas semelhantes (Ellis, 2009).

3.4 Característica dos Componentes de Entrada e Saída dos Recursos Hídricos em NC

Considerando os anos 2011 e 2012, os componentes de entrada dos recursos hídricos do Norte de Chipre compreendem a precipitação, águas subterrâneas, nascentes efémeras, barragens, lagoas, dessalinização e água sanitária reciclada. Anteriormente, a água era importada em sacos medusas entre 1998 e 2002. Da mesma forma, numa tentativa de satisfazer a procura de água do país, foi concebido outro projecto capital, que deverá começar a fornecer 75MCM anualmente à NC até Setembro de 2014. A produção do orçamento de água constitui o abastecimento de água para necessidades domésticas, agrícolas, industriais, de evaporação e perdas na rede.

3.4.1 Precipitação e clima

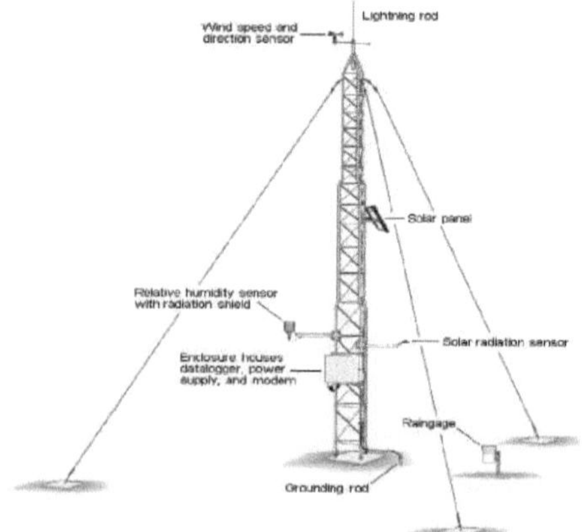

Figura 3.6 Estações Meteorológicas Automatizadas de Chipre (AWS) e Instrumentos Meteorológicos

O clima de Chipre é caracterizado por Verão quente e seco e Inverno fresco e húmido. As precipitações estão a ser registadas anualmente, principalmente de Outubro a Abril. As precipitações e outros dados meteorológicos são registados nas seguintes regiões metrológicas: Besparmak, Mesaria Ocidental, Mesaria Central, Mesaria Oriental, Litoral Oriental/Costa e estação de Karpaz. A Figura 3.7 mostra a variação da precipitação média mensal para o ano 2011 e 2012 (ASP, 2011; ASP, 2012).

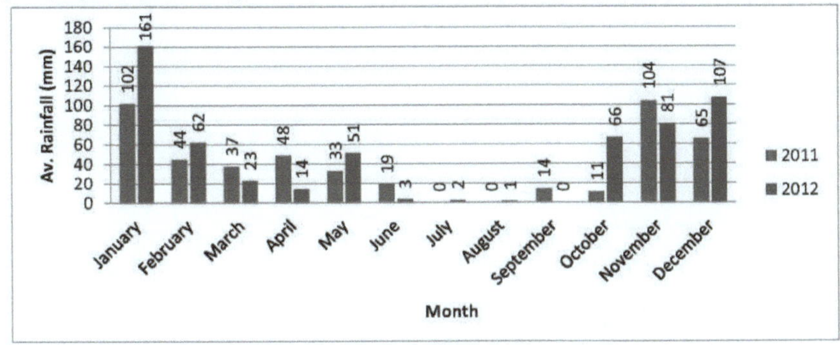

Figura 3.7: Padrão de pluviosidade no ano NC 2011- 2012 (ASP, 2011; ASP, 2012)

Com base nos registos obtidos no departamento de meteorologia, o lado do Mar do Norte e a
Montanha Besparmak
registaram a maior intensidade de precipitação de 165mm em Novembro de 2011, enquanto a
média mensal
era de 40mm. A temperatura média foi de cerca de 19,20, mas tão baixa como abaixo de 00 C no
Inverno. Do mesmo modo, a humidade relativa média mensal regional foi de cerca de 63,8 mas cai
para 61mm (ASP, 2011; ASP, 2012).

Do mesmo modo, para 2012, o lado do Mar do Norte e a montanha Besparmak registaram a maior intensidade
de precipitação de 191mm em Janeiro, enquanto a média mensal era de 48mm. A temperatura média foi de
cerca de 19,6⁰ mas desceu para 10⁰ C no Inverno. Da mesma forma, a humidade relativa média mensal por
regiões foi de 64,3, mas diminui para 52mm (ASP, 2011; ASP, 2012).

Durante o período de Verão, a temperatura em N.C sobe para 30°C e durante algum tempo até 40°C, levando
assim a uma elevada taxa de evaporação e transpiração, apenas 20% da precipitação total recebida contribui
para o orçamento da água, enquanto 80% regressa à atmosfera por Evapotranspiração e alguma parte drenada
como escoamento para o Mediterrâneo (Elkiran e Ergil, 2004). De acordo com estudos anteriores, a seca teve
uma influência significativa na escassez de água e tem vindo a comprometer a sustentabilidade da água,
particularmente no Norte de Chipre. A análise da base de dados de precipitação a longo prazo sobre a média
anual a longo prazo mostra que, entre 1975 e 2004, houve uma redução de 1,68mm/ano na precipitação, como
mostra a Figura 3.8 (Sharif, 2006).

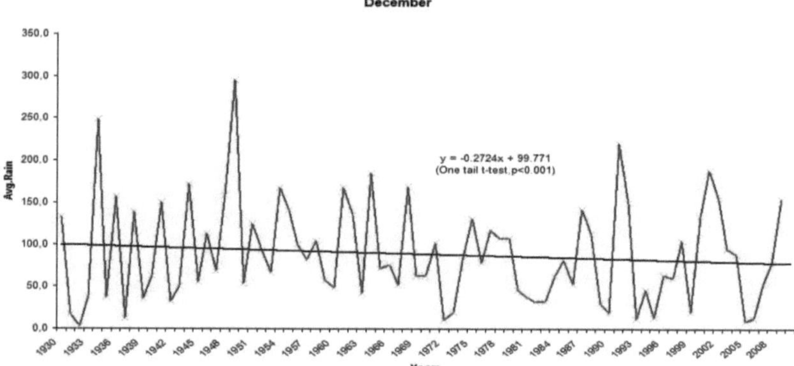

Figura 3.8: Padrão de precipitação no NC 1974 a 2008 (Sharif, 2006)

3.4.2 Barragens e Lagoas

Geralmente as barragens são construídas através de rios para armazenar o escoamento superficial para utilização futura durante a estação seca, para recarga de aquíferos e, em alguns casos, para controlar inundações perigosas. Em NC, a necessidade de barragens surge pouco depois de se ter notado a escassez de água em 1960, a DSI da Turquia considerou as barragens e lagos como importantes recursos hídricos renováveis e projectou imediatamente 41 reservatórios de capacidade variável, dos quais 18 foram construídos para irrigação e 23 outros foram construídos para evitar propositadamente o fluxo directo de cursos de água efémeros para o Mar Mediterrâneo, desde então estas infra-estruturas estão a contribuir eficientemente para os seus fins pretendidos. Cerca de 27MCM de água são obtidos anualmente a partir de 28 riachos localizados no Norte de Chipre, há também mais dez riachos efémeros que tiveram origem na montanha de Trodos no Sul de Chipre descarregando anualmente cerca de 43MCM de água, mas actualmente os rios têm sido represados a montante na parte sul da ilha (Gokchekus, 2001).

Restos mineiros como o gesso e o mineral halita (Nacl) na bacia de Guzelyurt perto de Gemikonagi têm vindo a contaminar a água superficial na bacia de Gemikonagi e o reservatório situado na área, tornando todo o escoamento superficial impróprio para o armazenamento de rega pretendido. Além disso, 4 barragens em NC não funcionam a plena capacidade devido à acumulação de sedimentos, levando a uma redução significativa da sua capacidade de armazenamento enquanto um lago secou completamente (Gokchekus, 2001).

De acordo com o artigo de Duygu Alan em Havadis, observações científicas mostram que o nível da água em barragens e lagos na parte norte de Chipre caiu 7,9% porque em Março de 2013 o volume total de água parada em barragens era de 10.446.436 metros cúbicos, mas devido à alta temperatura durante o Verão diminui para 9.163.464 metros cúbicos em Junho de 2013 (Wikipedia, 2013).

Um total de 34 cursos de água são activamente utilizados para abastecimento doméstico de água (834.679m^3

/ano) juntamente com 28 para irrigação de capacidade 565.321 m³ /ano (Ozturk, 1995). O quadro 3.2 fornece a lista de 18 barragens de irrigação, localizações e respectivas capacidades.

Quadro 3.2: Barragens de irrigação e capacidades de armazenamento

S/No	Dams	Location of Dams	Year of construction	Capacity $(m^3) \times 10^3$	Irrigated area (ha)
1	Yilmazköy polatdere	Nicosia	1994	517.167	40
2	Geçitköy Dam	Kyrenia	2014	26,500.000	13,848
3	Arapköy uzundere	Kyrenia	1990	444.150	40
4	Arapköy ayanidere	Kyrenia	1990	608.881	65
5	Beşparmak alagadi çiftlikdere	Kyrenia	1992	774.575	67
6	Hamitköy baştanlikdere	Nicosia	1992	529.125	95
7	Değirmenlik çataldere	Nicosia	1990	296.814	30
8	Serdarli ağillidere	Nicosia	1992	391.880	56
9	Geçitkale eğridere	Famagusta	1989	1,360.510	240
10	Ergazi sayadere	Famagusta	1989	405.025	84
11	Mersinlik azganlidere	Famagusta	1989	1,145.065	170
12	Dağyolu üçparmakdere	Kyrenia	1994	392.250	82
13	Gemikonaği madendere	Guzelyurt	1988	4,121.205	640
14	Gönyeli	Nicosia	1962	453.857	150
15	Kanliköy	Nicosia	1963	730.294	NA
16	Haspolat	Nicosia	1964	117,390	115
17	Gönendere	Famagusta	1987	938,666	150
18	Akdeniz	Guzelyurt	1988	1,468,157	430
*	Total			41,195,011	16,272

Devido ao actual projecto de abastecimento de água com capacidade de 75MCM anualmente, a barragem de Gecitkoy foi melhorada e espera-se que comece a servir para distribuição de água aos sectores de irrigação e doméstico, o volume de armazenamento melhorado é agora de 26,5MCM. A Figura 3.9 fornece uma variação anual do pico de armazenamento de água nas barragens NC.

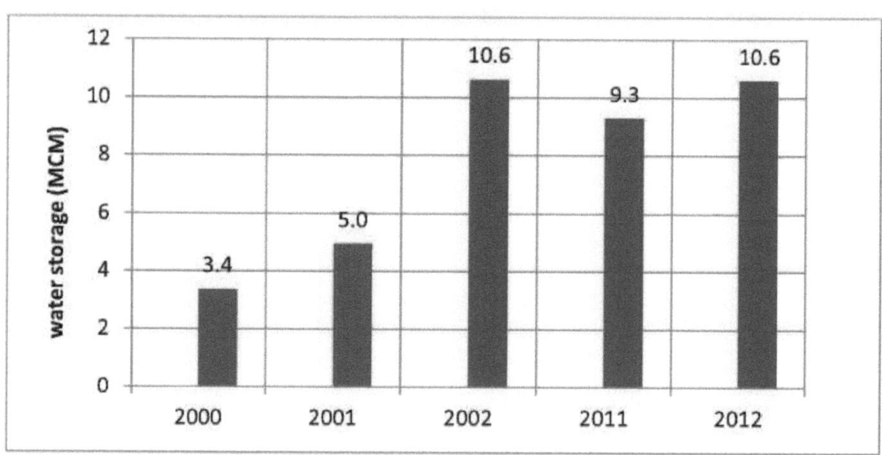

Figura 3.9: Flutuação do Armazenamento de Água em Reservatórios de Rega Ano 2000 a 2012

3.4.3 Água subterrânea e fluxo sub-superficial

Devido ao facto de a NC ter recursos hídricos limitados, depende em grande parte da água subterrânea como principal recurso de abastecimento para a procura doméstica e de irrigação, as outras fontes incluem Barragens e riachos efémeros. Existem 11 aquíferos principais de várias capacidades de armazenamento. Guzelyurt, Famagusta e Kyrenia são os três principais aquíferos de capacidade de recarga 37MCM, 5MCM e 10,2MCM, respectivamente. A água extraída destes aquíferos é directamente utilizada para abastecimento doméstico e irrigação. A figura 3.10 fornece um mapa que mostra a localização dos aquíferos costeiros e do interior (Necdet, 2012).

Segundo investigações geológicas, o aquífero de Guzelyurt é a maior área de armazenamento de 180 km^2 , a capacidade de armazenamento 920MCM, rendimento seguro 37MCM e aproximadamente 80 km^2 situa-se na parte sul da ilha de Chipre. A água obtida deste aquífero estava a ser utilizada para fins domésticos e de irrigação na região e em alguma parte de Nicósia. No entanto, o excesso de produção para além do rendimento seguro tinha levado à intrusão da água do mar a uma concentração muito elevada juntamente com o declínio do nível da água para cerca de 60m abaixo do nível médio do mar (Gokcekus 1999; Necdet, 2012).

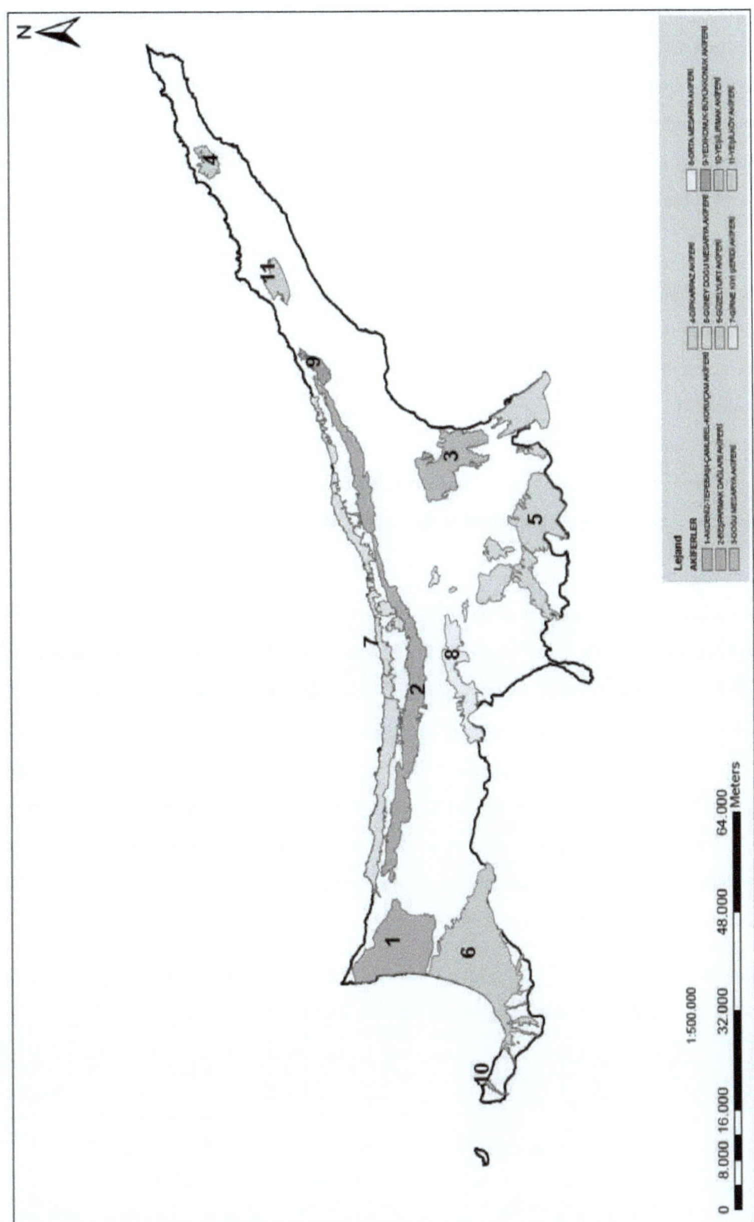

Figura 3.10: Mapa e localizações do aquífero no NC (Necdet, 2012)

O aquífero costeiro de Famagusta é outra importante fonte de frescos localizada na parte oriental da ilha, tem uma área de 45 km² dos quais 16 km² está em NC com capacidade de armazenamento de 5MCM e rendimento seguro de também 5MCM. Existem cerca de 500 poços de bombagem na área com capacidade média de descarga de 12m3/h para abastecimento doméstico e irrigação, do mesmo modo, a extracção excessiva leva à contaminação do aquífero nos anos 60. A concentração normal de Nacl em água potável é inferior a 400ppm. No entanto, foi observada uma concentração de cerca de 5000ppm na área (Elkiran, 2003; Elkiran e Ongul, 2009).

O aquífero costeiro de Kyrenia também tinha sido contaminado com água do mar devido à sua proximidade com o Mar Mediterrâneo, bem como devido a uma extracção excessiva. A sua área de armazenamento é de 160 km² , volume de armazenamento de 8 a 10MCM e tem 5 a 7,9MCM como capacidade de extracção anual, mas o aquífero da montanha de Kyrenia com capacidade de armazenamento de 10,2MCM está em rendimento seguro sem risco de contaminação por sal, o estado de todos os aquíferos NC foi fornecido no Quadro 3.3. Os restantes aquíferos, que incluem Yesillkoy, Incirli, guvercinlik, Cayonu e.t.c., têm uma capacidade de armazenamento relativamente pequena e a sua contribuição para o uso doméstico é limitada, mas também foram afectados pela crescente procura nas áreas urbanas e no sector do Turismo (Elkiran e Ergil, 2002).

Estudos anteriores mostram que a procura anual de água da NC entre 1985 e 1996 é de cerca de 106,6MCM. Segundo o relatório da DSI, o rendimento anual seguro de todos os aquíferos é de cerca de 74,1MCM, mas na sequência da inadequação do abastecimento, foi registado um descoberto médio de 28,9MCM em 2002. Camlikoy e os esquerdinos são dois canais reguladores diferentes construídos para desviar o excesso de água das regiões para a barragem de Guzelyurt com o objectivo de enriquecer os recursos hídricos subterrâneos da área, mas devido ao impacto da seca os canais secaram. Os 41 reservatórios construídos pela DSI da Turquia têm contribuído eficazmente para a recarga dos aquíferos vizinhos. No entanto, a construção tardia destes reservatórios, juntamente com a construção a descoberto, levou ao esgotamento alarmante e salinização da maioria dos aquíferos costeiros existentes (Elkiran, 2003).

Em 2006, a procura de água aumenta para 125MCM devido ao aumento da população e espera-se que continue a aumentar ao longo do tempo, os detalhes das situações do aquífero foram fornecidos na tabela 3.3 (Elkiran, 2006).

Tabela 3.3: Capacidades de armazenamento de aquíferos e situação após a extracção Ano 2006 (Necdet, 2006)

Aquifers	Storage Area (km^2)	Recharge (10^6 m^3)	Safe yield (10^6 m^3)	Extraction (10^6 m^3)	Situation (10^6 m^3)
Guzelyurt	180	37	37	57	-20
Akdeniz	20	1.5	1.5	1.5	Safe
Lefke-G.Konagi-Y.Dalga	3.0	15.5	6	6	Safe
Yesilirmark	2.5	7	1.5	1.5	Safe
Kyrenia Mountain	-	11.5	11.5	11.5	Safe
Famagusta	-	2	2	8.5	-6.5
Beyarmudu	-	0.5	0.5	0.5	Safe
Cayonu-Guvercinlik-Turkmenkoy	12	2	2	2	Safe
Serdarli	60	0.5	0.5	0.5	Safe
Yesilkoy	9.0	1.6	1.6	3	-1.4
Kyrenia Coast	160	5	5	5	Safe
Yedikonuk-Buyukkonuk	2	0.3	0.3	0.3	Safe
Dipkarpaz	1	1.5	1.5	1.5	Safe
Korucam	60	1.2	1.2	1.2	Safe
Others		2	2	2	Safe
Total		89.1	74.1	103.0	-28.9 deficit

3.4.4 Queda de neve

Geralmente, na zona de clima frio, a queda de neve é considerada como uma fonte de entrada de água que contribui em quantidade significativa. No Norte de Chipre, a queda de neve máxima alguma vez registada ocorreu entre 1992 e 2002 e foi medida a uma profundidade máxima de 150mm, Desde então, raramente ocorreu até recentemente, onde a queda de neve muito leve ocorreu inesperadamente na área de Nicósia. A profundidade da neve era insignificante, uma vez que tal não podia gerar escorrimento. Embora a Montanha Besparmak seja suficientemente alta, mas a neve raramente ocorre lá, por essa razão, a neve não é contada como uma das fontes de água doce na NC, pelo contrário, está normalmente disponível nos picos da Montanha Trodos do sul de Chipre. Pesquisas anteriores mostram que a queda de neve na parte sul varia entre 0,5 a 3,0m gerando cerca de 100MCM de água doce que normalmente ocorre entre Janeiro e Fevereiro (Elkiran e Ergil 2004).

3.4.5 Transporte de água

Tendo sabido que a escassez de água no Norte de Chipre começou desde os anos 60 e tinha gradualmente atingido uma fase alarmante, foi feito um esforço para compensar a escassez de água entre os quais se inclui a importação de água da Turquia. Hassan Ali Bicak da Universidade do Mediterrâneo Oriental, em colaboração com Glenn Jenkins do Instituto de Harvard para o Desenvolvimento Internacional, analisou o balanço hídrico no NC, tendo proposto a importação de água como um dos modestos potenciais de novos recursos hídricos no país (Elkiran e Ergil 2004).

Em summser 1998, a NC começou a importar água da Turquia, a um preço de 0,55 USD/m^3 . Uma empresa norueguesa utilizava navios para transportar a água em sacos Medusa rebocados atrás do navio, estes sacos de plástico têm uma capacidade de 10.000 a 20.000m^3 cada um. A expedição é de Aydincik, Turquia, para Kumkoy reservior, perto de Guzelyurt. Uma transferência de 5MCM de água foi planeada anualmente, infelizmente, o primeiro navio chegou em Setembro de 1998 ao longo de todo o ano, tendo sido fornecido um total de 65,374m3, no segundo ano 1999 - 2000, foram transportados 579,339m^3 . Do mesmo modo, um total de 1.719.010m^3 foi fornecido em 2001. O preço do fornecimento, incluindo os custos de manuseamento no NC, é de 0,79 USD/m^3 , o que é inferior a outras opções alternativas de fornecimento, tais como a dessalinização. A quantidade total importada em cinco anos entre 1998 e 2002 foi de 4,1MCM, conforme ilustrado na Figura 3.11, o que ficou bastante aquém das expectativas em comparação com os 5MCM planeados anualmente em consequência disso, o contrato entre o departamento de obras hidráulicas (SID) e a empresa norueguesa foi considerado ineficiente e subsequentemente terminado em 2002 (Elkiran e Ergil 2004).

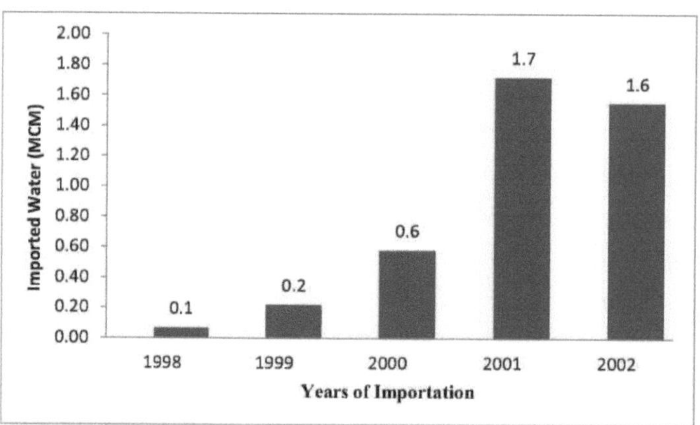

Figura 3.11: Tendência da Água Importada da Turquia 1998 a 2002 (Elkiran e Ergil 2004)

Sequela a ineficiência dos processos de importação acima referidos, o fornecimento de água de tubagem submarina da barragem de Alakopru Turquia para o reservatório de Gecitkoy do Norte de Chipre foi concebido e proposto com uma capacidade de 75MCM por ano, conforme ilustrado na Figura 3.12. Após a realização de estudos de viabilidade, o projecto foi adjudicado e teve início, espera-se que esteja concluído até Setembro de 2014. Após a conclusão, espera-se que o projecto abasteça o Norte de Chipre com água durante um período de 50 anos. Dos 75MCM, 37,7 MCM correspondentes a 50,3% serão distribuídos para abastecimento doméstico e os restantes 37,2MCM (49,7%) serão atribuídos para irrigação aos potenciais disponíveis. Espera-se que, o projecto ajude a compensar o excesso de água subterrânea, reavivando assim a situação dos aquíferos no Norte de Chipre, do mesmo modo, espera-se que contribua positivamente para melhorar o nível de vida das regiões de Guzelyurt e Mesaria, fornecendo água de irrigação a 6.413ha e 7.435 ha destas áreas, respectivamente, bem como a outras regiões com grave stress hídrico (Elkiran e Ergil, 2004; DSI, 2010).

Figura 3.12: Projecto de abastecimento de água NC: 75MCM Anual (Gokchekus, 2014)

3.4.6 Reutilização/Ingresso Antropogénico de Efluentes

No entanto, apesar de o Norte de Chipre estar há muito tempo em stress hídrico, a reutilização de água reciclada para minimizar o stress hídrico não foi aceite devido à crença tradicional. Existem estações centrais de tratamento de média escala estabelecidas para o tratamento de águas residuais em Nicósia, Kyrenia, Famagusta e Guzelyurt. Considerando os anos 2011 e 2012, a moderna estação de tratamento central de Nicósia tem uma capacidade de 30.000m³ /dia com a sua imagem que aparece na Figura 3.13 enquanto que Kyrenia, Famagusta e Guzelyurt têm uma capacidade diária de 3000, 3000 e 600m³ /dia, respectivamente. É tratada uma quantidade consideravelmente grande de água e toda a água reciclada é desviada para rios próximos das estações de tratamento e depois a água tratada corre para o mar sem qualquer reutilização excepto poucos agricultores ao longo da parte a jusante dos rios que utilizam a água para irrigação (Oznel, 2014).

Figura 3.13: Estação Central de Tratamento de Esgotos de Nicósia

Existem pequenas estações de tratamento de esgotos institucionais privadas que foram estabelecidas em vários hotéis, a água tratada destes Hotéis está a ser utilizada para irrigar árvores e flores dentro do seu respectivo complexo. A afluência anual de água reciclada é a seguinte: Famagusta A (36,870M^3), Yeni Iskele (5,422M^3), Kyrenia West (7,321M^3) e Kyrenia East (41,026M^3) (Muslu, 2003).

3.4.7 Dessalinização

A dessalinização refere-se a qualquer dos vários processos utilizados para remover sal e outros minerais da água salina. O Norte de Chipre tinha considerado a dessalinização como uma forma rentável de produzir água doce adequada para o consumo humano, bem como para irrigação. Outro subproduto potencial do processo inclui o sal de mesa, que é também um ingrediente útil para cozinhar. Este processo é independente da precipitação. O custo da dessalinização da água do mar (energia, infra-estruturas e manutenção) é geralmente mais elevado do que outras alternativas, tais como a reciclagem da água. O custo realizável do tratamento varia entre 0,5 a 1US\$/m^3 . O quadro 3.4 fornece uma lista de instalações de dessalinização e correspondentes capacidades médias diárias activas em NC (Elkiran, 2006).

Quadro 3.4: Instalações de dessalinização e capacidades médias diárias activas Ano 2012 (Temel, 2014)

S/No	Desalination Plant	Location	Active Capacity (m^3/day)
1	Salamis	Famagusta A	600
2	Famagusta	Famagusta	7,000
3	Nuhun gemisi	Yeni Eronkoy	300
4	Merit park hotel (mercury)	Kyrenia East	500
5	Cratos	Kyrenia East	1,000
6	Esentepe golf sahası	Kyrenia East	2,500
7	Accapulco	Kyrenia East	900
8	Palm beach	Famagusta A	150
9	Bafra	Mehmetcik	2,000
10	Merit cristal Later	Kyrenia West	500
Total			15,450

As fábricas de dessalinização acima mencionadas no Quadro 3.7 foram estabelecidas em regiões de NC, algumas das quais pertencem a instituições privadas. Embora existam alguns problemas técnicos, como falhas de energia e manutenção, mas a produção média diária total é de 14.950m³ /dia, aproximadamente, as centrais contribuem anualmente com cerca de 5,8MCM para o orçamento hídrico do país (Temel, 2014).

3.5 Procura e Utilização da Água

Geralmente, a procura de água é considerada como um dos principais recursos hídricos no orçamento mundial de água ou em qualquer área de estudo de interesse. A procura média mundial de agricultura, indústrias e sectores domésticos é de 70, 22 e 8% respectivamente. Existem três sectores básicos que requerem o abastecimento de água em NC: Agricultura, indústrias e sector doméstico (Gokcekus et al. 1997).

3.5.1 Procura doméstica e industrial

O abastecimento de água doméstica inclui o abastecimento de água ao House hold, sector do Turismo, Universidades, indústrias comerciais e de pequena escala em todo o país. De acordo com os dados do censo, a população total de residentes aumenta ao longo do tempo, como mostra a Figura 3.14, certamente, a procura também irá aumentar proporcionalmente.

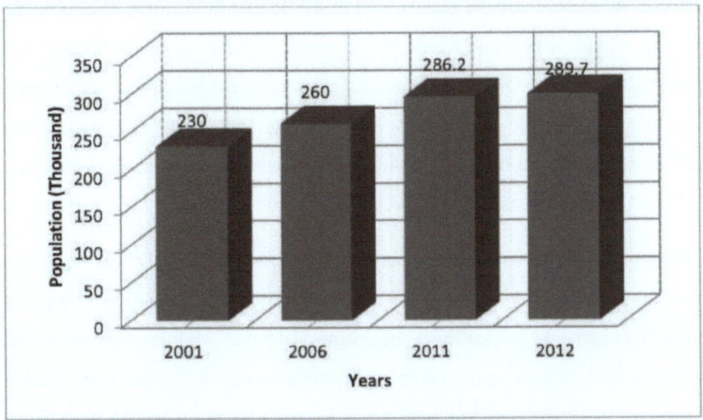

Figura 3.14: Tendência da população no Norte de Chipre (SPD, 2014)

Considerando o ano 2011 com uma população total de 286.257 habitantes, com base no consumo médio aprovado de 250L/dia/capita, a procura municipal de água apenas foi estimada em 57.251,4m³ /dia, o que corresponde aproximadamente a 20,8MCM/ano excluindo as perdas.

Na NC, existem várias indústrias de pequena escala, por exemplo, de bebidas que necessitam de abastecimento de água doce para uma produção óptima. O abastecimento de água a estas indústrias é considerado como parte integrante do abastecimento doméstico através da mesma rede de condutas (Temel, 2014).

Dados históricos mostram que a água para uso doméstico estava a ser obtida a partir de 162 poços e furos. O volume total de água obtida destes poços de bombeamento é de cerca de 24,5MCM por ano, enquanto o fluxo do fluxo fornece cerca de 0,3MCM. Foi estimado aproximadamente que, chegando aos 500m^3 /dia de água é bombeada do Norte para o Sul e quase a mesma quantidade de água é bombeada do Sul para o Norte devido ao cruzamento da rede de água previamente colocada que ainda está em uso (Elkiran e Ergil, 2004; SID, 2003).

Embora se tenha observado um aumento gradual da população, mas a oferta ainda está abaixo da procura, este factor exige a aplicação de algumas medidas de conservação, tais como a restrição do abastecimento de água durante apenas algumas horas numa semana a algumas áreas (SID, 2003).

3.5.2 Procura agrícola

A produção agrícola tem contribuído de forma significativa para a economia da NC, o sector absorve a maior parte do abastecimento de água, representando cerca de 70%. A eficiência da produção depende em grande parte da quantidade e qualidade da água fornecida, bem como da fertilidade da terra. Sabe-se que, 56,7% da área total de terra da NC foi atribuída ao sector Agrícola para cultivo de variedades de culturas e pecuária, no entanto, de acordo com um documento intitulado Water Management difficulties with limited and contaminated water resources in NC, a procura de água para Agricultura, uso doméstico e industrial foi entre 190 a 197MCM anualmente, no entanto, na sequência da escassez de água algumas áreas de irrigação foram abandonadas e em alguns lugares os métodos primitivos foram substituídos por técnicas modernas, pelo que a procura caiu subsequentemente para 106,6MCM em 1996 (Gokcekus et al. 2002).

No NC, a água de irrigação é obtida principalmente a partir de barragens e poços tubulares. Das 41 barragens dentro do país, 18 foram construídas para irrigação, como explicado anteriormente. A necessidade anual de água não varia significativamente mas aumenta gradualmente ao longo do tempo. As literaturas anteriores apresentavam diferentes relatos sobre a procura de água para irrigação, por exemplo, 82,5 MCM por Bicak e Jenkins (2000), 144MCM por Ozturk (1995), 170 MCM por Gunyakti e Ergil (2002), 117MCM por Elkiran (2006).

3.5.3 Evaporação e Transpiração

Evaporação e Transpiração é uma componente importante do ciclo da água e é também considerada como um dos resultados significativos de uma bacia para a gestão integrada dos recursos hídricos. A evaporação refere-se simplesmente à vaporização de água da superfície terrestre para a atmosfera, enquanto que a transpiração significa transferência de moléculas de água das folhas das plantas para a atmosfera. No campo de irrigação, a evapo-transpiração potencial (PET) refere-se simplesmente à soma da evaporação e transpiração de uma determinada área e para um tipo específico de cultura (representa a taxa de evapo-transpiração de uma cultura verde curta que sombreia completamente um solo de altura uniforme tendo água adequada na sua zona radicular) (Akintug, 2011).

A taxa de Evaporação e Transpiração depende de muitos factores tais como a radiação solar, a velocidade do vento, a humidade relativa e a natureza da superfície em evaporação. Na NC estes parâmetros importantes são consideravelmente elevados devido à elevada temperatura de intensidade de cerca de 34 a 420C, bem como ao elevado efeito do vento, particularmente durante o período de Verão (Gokcekus et al. 2002; Akintug, 2011).

3.6 Socio - Economia de NC

3.6.1 Estrutura e Economia Agrícola

NC O sector agrícola compreende quatro subsectores: produção vegetal, pecuária, pesca e silvicultura. A produção vegetal tem uma parte significativa como tal, gerando um grande volume de receitas para o desenvolvimento económico. Da área total de terra da NC 329.890,8 ha, 56,7% foi atribuída de forma adequada como potencial de irrigação. Este potencial permite o cultivo de uma grande variedade de produtos tais como cereais, citrinos, leguminosas e vegetais (ASP, 2012).

O produto agrícola exportado para países adjacentes inclui citrinos, batatas e produtos transformados. Em 1982, a quota de exportação agrícola era consideravelmente elevada, cerca de 80,05% era de citrinos. A batata, as existências vivas e os produtos transformados eram de 6,3%, 3,3%, 5,1% e 5,3 respectivamente. Mais tarde, devido à escassez de água, a exportação total desceu para 64,4%, dos quais 28,6% eram Citrinos, batatas 1,4% e 23,4% eram para produtos agrícolas transformados. Em 2009 a exportação de produtos agrícolas representou $20,9 milhões dos quais $14milhões foram para citrinos e $2,4 milhões foram gerados pela produção de batata (ASP, 2009).

3.6.2 Produção de Citrinos

Os citrinos são cultivados nas três principais regiões da NC, alguns dos frutos incluem Laranja, Limão, Toranja e.t.c. e são responsáveis por grande parte da produção agrícola. Do total de Citrinos produzidos cerca de 6% é consumido no país, 34,9% foi exportado e 54,6% é processado pelo sector industrial da NC. Os detalhes da participação regional são fornecidos no Quadro 3.5 (ASP, 2001).

Quadro 3.5: Principal região agrícola e rendimento correspondente para a produção de citrinos Ano 2012 (ASP, 2012)

REGION	AREA (donum)	YIELD/TURNOUT (Ton/donum)
Nicosia	38,840	3.2
Famagusta	345	2.9
Kyrenia	888	1.1
Total	40,073	

3.6.3 Padrão de produção e cultivo de culturas

Existem diferentes tipos de culturas que são cultivadas na NC, a rentabilidade desta produção depende em grande parte da fertilidade da terra disponível, da qualidade da água, da eficiência dos métodos de irrigação e da gestão do solo. As culturas com necessidades de água relativamente semelhantes são agrupadas sob o mesmo padrão de cultivo. O quadro 3.6 fornece uma lista dos vários padrões de cultivo na NC (ASP, 2012).

Quadro 3.6: Padrões de cultivo no Norte de Chipre Ano 2012 (ASP, 2012)

S/No	Crop Pattern	Examples of crops
1	Cereals	Wheat, Barley, Oat
2	Pulses	Beans, Chickpea
3	Industrial crops	Tobacco, Cotton lint
4	Oil Seeds	Groundnut
5	Tuber Crops	Potato, Onion, Garlic, Beat,
6	Fodder Crops	Cereal Hay, Barley Forage, Alfalfa,
7	Leafy or Edible Stem Vegetables	Cabbage, Artichoke, Louvana, Lettuce
8	Fruits Bearing Vegetables	Tomatoes, Cucumber, Okra, paper, Sweet Melon
9	Leguminous veg.	Green Beans, Peas
10	Root, Bulb and Tuberous Vegetables	Carrot, Green Onions, Radish
11	Other Vegetables	Cauliflower, Kohlrabi
12	Nuts	Almonds, Walnuts, Pistachio
13	Pome Fruits	Apple, Pear, Loquat,
14	Stone Fruits	Apricot, Peaches, Plum,
15	Grape and Grape like Fruits	Banana, Pomegranates, Olive, Figs, strawberry, Sultana Grape
16	Citrus Fruits	Tangerines, Lemons, Valencia, Shiamouti, Washington, Grapefruits
17	Greenhouses and Tunnels	Cucumber, Papers, Eggplants, Green Kidney Beans, Tomato, S &W. Melon

O cultivo das culturas acima mencionadas requer, no entanto, uma grande quantidade de água de boa qualidade para irrigação durante a estação seca, apesar do facto de os métodos de irrigação primitivos terem sido substituídos por técnicas modernas (sistemas de aspersão e gotejamento), mas ainda assim a oferta sazonal está abaixo da procura.

3.6.4 Produção Animal/Husbandry

A pecuária é também um sector importante que contribui com algum rendimento para o desenvolvimento económico da NC, o número total de animais criados nas suas sub-regiões é apresentado no Quadro 3.7.

Regions	Cattle	Sheep	Goats
NC	51,734	210,792	60,405
NICOSIA	20,115	37,579	12,627
Central Nicosia	2,439	8,714	2,837
Değirmenlik	6,196	13,749	4,964
Ercan	11,480	15,116	4,825
FAMAGUSTA	15,837	65,555	14,904
Famagusta A	803	11,774	2,010
Famagusta B	1,142	11,439	1,683
Akdoğan	9,627	24,319	5,086
Geçitkale	2,400	10,662	3,466
Gönendere	1,865	7,361	2,659
KYRENIA	5,544	29,122	17,743
Kyrenia East	1,305	5,079	3,679
Kyrenia West	132	2,085	1,439
Boğaz	1,963	10,240	4,837
Çamlıbel	2,144	11,718	7,789
GÜZELYURT	4,691	20,765	6,068
Güzelyurt	3,747	13,691	3,921
Lefke	944	7,074	2,147
İSKELE	5,547	57,771	9,063
İskele	3,158	14,513	3,750
Mehmetçik	1,117	14,774	1,380
Yeni Erenköy	1,272	28,484	3,933

Figura 3.7: Produções animais (ASP, 2012)

A população do gado varia de uma sub-região para outra, em 2012 a população total de bovinos, ovinos e caprinos era de 51.734, 210.792 e 60.405, respectivamente. Estes dados foram também aplicáveis para a avaliação da água necessária para a criação de gado vivo.

CAPÍTULO 4

METODOLOGIA

4.1 Preâmbulo às regiões agrícolas

Segundo o Departamento de Agricultura, o Norte de Chipre tem 3 regiões administrativas principais, nomeadamente: Kyrenia, Nicósia e Famagusta, como mostra a Figura 4.1 cada região actuando separadamente, as principais regiões são ainda subdivididas em 17 subregiões agrícolas, todas elas exigindo água de boa qualidade para uso doméstico, agrícola e industrial. Estudos anteriores descobriram que nem todas as regiões foram abençoadas com recursos hídricos adequados às necessidades diárias, por exemplo, Nicósia está a obter água da região de Guzelyurt.

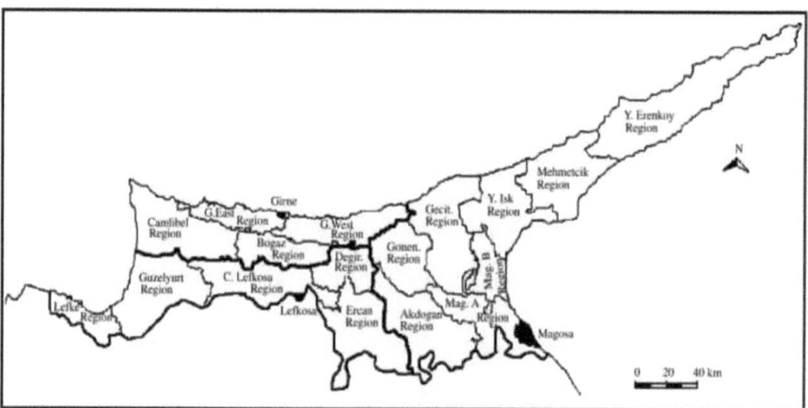

Figura 4.1: Mapa das Regiões Agrícolas no Norte de Chipre (ASP, 2012)

Os dados hidrológicos e demográficos recolhidos representando todas as regiões administrativas formaram as bases para a avaliação da água disponível e da procura de água, respectivamente. A procura e oferta de água para 2011 e 2012 foi avaliada com a ajuda de um programa de excelência, após o qual os resultados foram comparados com o resultado de pesquisas anteriores.

4.2 Recolha de dados

Os dados hidrológicos e demográficos foram formalmente solicitados às autoridades responsáveis. Foram recolhidos dados pluviométricos do departamento de meteorologia do NC para determinação do padrão de precipitação e do fluxo do riacho. Foi obtido um conjunto diferente de dados para a evaporação mensal. Foram recolhidos dados sobre águas subterrâneas do departamento de Geologia para avaliação das capacidades de armazenamento dos aquíferos, rendimento seguro, capacidade de recarga e estado em termos de contaminação. Foram solicitadas capacidades de armazenamento de barragens e lagos e variações de armazenamento em bases mensais para a estimativa da disponibilidade de água. A produção diária de várias estações de dessalinização e dados históricos relacionados com a importação de água foram todos recolhidos no departamento de obras hidráulicas de Nicósia (SID). Foram recolhidos dados sobre a produção de água sanitária para Nicosia, Kyrenia, Famagusta e Guzelyurt nas estações centrais de tratamento de águas residuais do departamento de águas residuais do município de Nicósia para estimativa e justificação do uso de água sanitária.

Para determinar a procura de água para consumo doméstico e industrial, foram obtidos dados demográficos sobre a população de residentes, estudantes em várias universidades para o ano de 2011 e 2012 do departamento de estatísticas e planeamento do Norte de Chipre (conselho de recenseamento). Para as necessidades de água dos hotéis, foram obtidos dados sobre a capacidade de camas a partir do livro de ano estatístico publicado pelo departamento de turismo. Além disso, a população de animais vivos foi obtida das estatísticas agrícolas para o ano de 2011 e 2012. A procura foi avaliada com base na regulação da água na NC e de acordo com a procura per capita aprovada.

Para a avaliação da procura de irrigação, foram obtidos dados sobre a área de terras cultivadas, vários padrões de cultivo e métodos de irrigação a partir da publicação de estatísticas agrícolas, ano 2011 e 2012. A descrição de como todos os dados foram processados foi fornecida na Figura 4.2.

4.3 Resumo dos dados hidrológicos e demográficos

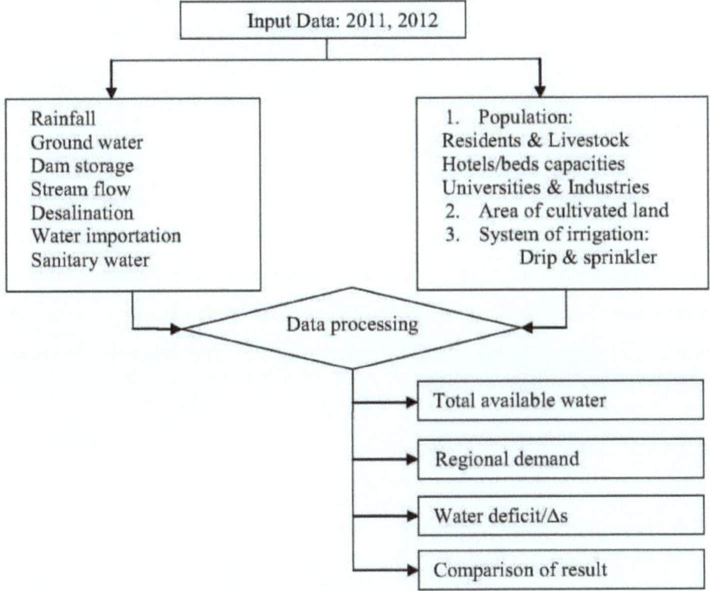

Figura 4.2: Fluxo de processamento de dados usando o programa Excel preparado

4.4 Avaliação da Procura Municipal de Água

A procura municipal inclui a necessidade de água para abastecimento doméstico, universidades, indústrias de pequena escala, gado e hotéis. A população total de residentes em NC para 2011 e 2012 é de 286.257 e 289.692, respectivamente. A oferta doméstica foi avaliada regionalmente à escala mensal e com base na população total de residentes de cada região e de acordo com a procura per capita aprovada, tal como previsto no Quadro 4.1, da mesma forma para as universidades, as indústrias de pequena escala, a pecuária e os hotéis.

Quadro 4.1: Abastecimento Consumptivo de Água Aprovado de Diferentes Sectores em NC (Temel, 2014)

Sectors	Water consumption (L/day/capita)
Residents	200
Small industries	30
Commercial	20
Cattle	50
Sheep	15
Universities	150
Tourisms	200

Para o sector do turismo, foram obtidas capacidades de cama de todos os hotéis activos, tendo sido introduzidas no programa em conformidade, do mesmo modo, as populações de animais vivos que foram cultivadas em todas as sub-regiões foram todas tomadas em consideração. A Figura 4.3 mostra alguns resultados da água municipal para a região de Guzelyurt no ano 2012.

No que diz respeito a estudos anteriores, as perdas de transporte em relação às condutas de abastecimento de água foram de 30%, mas nos últimos anos são consideradas de 25% devido à substituição da antiga rede de água por novas condutas de abastecimento de água. A procura de água e as perdas foram avaliadas separadamente e depois somadas para obter o abastecimento necessário para cada região em bases mensais. A procura mensal foi então somada para obter a procura anual de cada sub-região e depois para todo o Norte de Chipre (Temel, 2014).

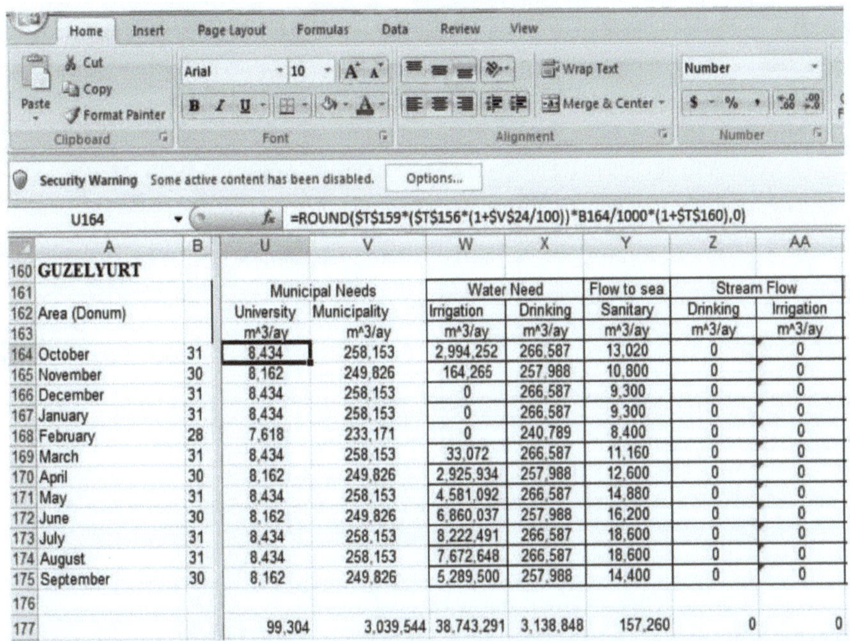

Figura 4.3: Folha Excel mostrando a necessidade mensal de água para a região de Guzelyurt Ano 2012

4.5 Avaliação da Necessidade de Água para Rega

As necessidades mensais de água das culturas foram obtidas do Departamento Agrícola do NC, que foi preparado com base no método Blaney-Criddle. Este método é uma função do coeficiente da cultura e dos factores climáticos. As Tabelas 4.2, 4.3 e 4.4 fornecem o consumo de água de alguma cultura que foi estudada no âmbito desta investigação (Kilickaya, 1977).

Quadro 4.2: Utilização Consuntiva do Tomate em m^3 /Donum/Mês por Regiões (Kilickaya, 1977)

	Tomato Consumptive Water Use per Donum			
Month/Regions	Nicosia	Guzelyurt	Famagusta	Kyrenia
October (31)				
November (30)				
December (31)				
January (31)				
February (31)				
March (31)				
April (30)	13.5	15.5	14	13.5
May (31)	95	86	92	95
June (30)	248	220	231	238
July (31)	296	258	269	275
August (31)	65	53	58	58
September (30)				

Foram estudados 21 grupos diferentes de culturas com diferentes consumos de água cada uma, conforme descrito no Apêndice III. O consumo sazonal de cada cultura foi determinado regionalmente de acordo com o

41

consumo mensal, a superfície cultivada e a eficiência dos métodos de irrigação. Nos últimos anos, há dois tipos diferentes de métodos de irrigação disponíveis no país: Aspersor e sistema de gotejamento com eficiência de 70% e 85% respectivamente, eventualmente os resultados obtidos foram adicionados para obter a procura total de rega. Os resultados detalhados foram apresentados no capítulo 5.

Quadro 4.3: Uso Consuntivo de Citrinos em m³ /Donum/Mês por Regiões (Kilickaya, 1977)

Month/Regions	Citrus Consumptive Water Use per Donum			
	Nicosia	Guzelyurt	Famagusta	Kyrenia
October (31)				
November (30)				
December (31)				
January (31)				
February (31)				
March (31)				
April (30)				
May (31)	136	100	58	68
June (30)	252	253	258	245
July (31)	306	303	283	286
August (31)	248	250	235	235
September (30)	85	95	99	105

Quadro 4.4: Utilização consuntiva de couve em m³ /Donum/Mês por Regiões (Kilickaya, 1977)

Month/Regions	Cabbage Consumptive Requirement per Donum			
	Nicosia	Guzelyurt	Famagusta	Kyrenia
October (31)	17	90	14	17
November (30)		27		
December (31)				
January (31)				
February (31)				
March (31)				
April (30)				
May (31)				
June (30)	27		27	27
July (31)	153		139	153
August (31)	221	27	207	221
September (30)	170	92	170	170

4.6 Avaliação da Disponibilidade de Água para Abastecimento

O abastecimento de água municipal e de irrigação está a ser obtido a partir de vários recursos hídricos de N.C., que consistem em Queda de chuva, águas subterrâneas, barragens, nascentes e dessalinização. A quantidade de água doce disponível a partir das fontes acima mencionadas foi avaliada regionalmente em bases mensais e depois anualmente, de modo a determinar se existe equilíbrio ou défice entre a procura e a oferta.

4.6.1 Chuva

Existem 5 estações pluviais em 5 regiões de NC: Lado do Mar do Norte/Besparmak Mountain, Mesaria Ocidental, Mesaria Oriental, lado do mar Oriental e região de Karpaz, como mostra o quadro 4.5. Os dados fornecidos por estas estações foram preparados para obter dados representativos das dezassete regiões agrícolas. O programa aceita dados mensais de precipitação como entrada e depois quantifica o volume de precipitação recebido de acordo com as dimensões da área de terra regional.

Tabela 4.5: Estações meteorológicas e dados pluviométricos em mm para o Ano 2012 (ASP, 2012)

Regions	Jan	Feb	Mar	Apr	May	Jun	Jul	Aug	Sept	Oct	Nov	Dec	Total
Besparmak Mountain	191.3	76.4	30.2	12.4	44.1	1.9	0.4	1.3	0.0	73.6	125.9	118.0	675.5
West Mesaria	145.3	72.3	25.2	12.0	28.7	10.9	6.4	0.0	0.0	80.3	85.9	122.7	589.7
Middle Mesaria	94.9	43.8	17.2	12.4	43.3	0.6	1.6	5.6	0.0	64.8	48.6	88.1	420.9
East Mesaria	147.0	38.0	13.0	13.1	84.2	0.7	0.2	0.9	0.0	51.7	42.2	99.3	490.3
East sea side	149.4	59.1	20.0	8.3	83.4	0.9	1.9	0.0	0.0	41.6	50.2	111.5	526.3
Karpaz region	235.9	81.0	29.7	26.6	20.5	5.5	1.9	0.0	0.0	86.1	130.4	101.8	719.4
NC (Av.)	160.6	61.8	22.6	14.1	50.7	3.4	2.1	1.3	0.0	66.4	80.5	106.9	570.4

4.6.2 Extracção de águas subterrâneas

A extracção anual de águas subterrâneas, o rendimento dos aquíferos, e as capacidades de armazenamento foram obtidas do departamento de geologia a partir do qual o Quadro 4.6 foi preparado. Os dados do ano 2012 e os dos anos anteriores foram introduzidos no programa a fim de determinar a extracção anual total, bem como o descoberto anual de água (Necdet, 2012).

Quadro 4.6: Situação do aquífero após a extracção (Necdet, 2012)

Aquifers	Storage Area (km^2)	Recharge $(10^6 m^3)$	Safe yield $(10^6 m^3)$	Extraction $(10^6 m^3)$	Status
Guzelyurt	180	37	37	48.0	Contaminated
Kyrenia Mountain Aquifer	62	9.3	9.3	7.9	Safe
Famagusta Coastline	16	1.5	1.5	Varies	Contaminated
Turkmenkoy	13	0.5	0.5	0.5	Contaminated
Beyarmudu	9	0.5	0.5	0.5	Contaminated
Cayonu	12	0.8	0.8	varies	Contaminated
Guvercinlik region	8	0.6	0.6	0.4	Contaminated
Incirli region	14	0.8	0.8	0.8	Contaminated
Lefke-G.Konagi-Yedidalga	8	15.5	15.5	3.0	Safe
Kyrenia shore aquifer	160	10	10	5.0	Safe
Nicosia-Serdarli	60	6.0	6.0	5.0	Contaminated/Gypsum
Yesilirmark	2.5	7	7	1.5	Safe
Yesilkoy	9.0	1.6	1.6	2	Contaminated/ Sulphur
Akdeniz/Mediterranean	20	1.5	1.5	1.7	Contaminated
Korucam	60	1.1	1.1	1.1	Safe/Limited supply
Buyukkonuk- Yedikonuk	2	0.5	0.5	0.5	Safe/Limited supply
Dipkarpaz (Y.Eronkoy)	1	1.5	1.5	1.5	Safe/Limited supply
East Mesaoria	70	5.0	5.0	varies	Safe/Limited supply
Gypsum aquifer	36	3.6	3.6	2.0	Contaminated/Gypsum
Total		104.8			

4.6.3 Dessalinização

Existem várias fábricas de dessalinização que contribuem com uma quantidade significativa de água no norte de Chipre. O programa avaliou a produção mensal de acordo com as respectivas capacidades médias diárias activas das estações de dessalinização, como indicado no Quadro 4.7, A produção mensal de cada região foi determinada a partir da qual o abastecimento anual foi avaliado em 5,8MCM.

4.6.4 Importação de Água

O programa foi concebido para integrar água adicional importada para o país. Entretanto, de acordo com o relatório fornecido pela DSI da Turquia, o contrato para a importação de água só esteve activo entre 1998 e 2002, tendo o projecto acabado em 2002 devido a problemas técnicos e à ineficiência do método. Sequel a isto, o programa reflecte uma quantidade zero de água importada no que diz respeito aos anos de 2011 e 2012.

4.6.5 Avaliação da Economia Agrícola

Fazia parte do objectivo deste estudo realizar uma análise económica sobre a produção agrícola relacionada com o abastecimento de água e os rendimentos gerados. A água está a ser fornecida aos agricultores na área de Guzelyurt ao custo de 0,35, 0,40, 0,55, 0,85 a 1,0TL/m³ não existe um valor fixo e esta Figura também flutua em todas as regiões. Foram estudados 21 grupos diferentes de culturas e o rendimento por metro cúbico de água utilizado para cada cultura foi avaliado e comparado de modo a descobrir quais destas culturas geram um rendimento apreciável. Para atingir este objectivo, foram considerados os dados sobre a produção anual de cada cultura e o respectivo preço no produtor em TL/Kg (ASP, 2012).

Exemplo Tomate: ano 2012

Produção total = 3,950,600Kg Preço: 1,37TL/Kg = 0,82USD/Kg

Rendimento total = 3.951.600*0,82 = 6.221.900 UDS

Volume total de água consumida = 1.189.749,41

Rendimento por metro cúbico de água utilizado = 5,23 USD

O programa Excel calculou a água necessária para cultivar cada cultura e os seus rendimentos correspondentes para comparação e avaliação dos lucros e perdas.

Table 4.7: Desalination Production in NC Year 2012

		Salamis (Famag. A)	(Famag. A)	Nuhun Gemisi (Yen. Eronkoy)	Merit P. Hotel (Kyrenia East)	Cratos (Kyrenia East)	Esentepe G. Sahası (Kyrenia East)	Accapulco (Kyrenia East)	Palm Beach (Famagusta A)	Bafra (Mehmetcik)	Merit C. L. Kyrenia West)
	DESALINATION PLANTS AND DAILY/MONTHLY PRODUCTION										
Production (m3/day)		600	7,000	300	500	1,000	2,500	900	150	2,000	500
Oct	31	18,600	217,000	9,300	15,500	31,000	77,500	27,900	4,650	62,000	15,500
Nov	30	18,000	210,000	9,000	15,000	30,000	75,000	27,000	4,500	60,000	15,000
Dec	31	18,600	217,000	9,300	15,500	31,000	77,500	27,900	4,650	62,000	15,500
Jan	31	18,600	217,000	9,300	15,500	31,000	77,500	27,900	4,650	62,000	15,500
Feb	28	16,800	196,000	8,400	14,000	28,000	70,000	25,200	4,200	56,000	14,000
Mar	31	18,600	217,000	9,300	15,500	31,000	77,500	27,900	4,650	62,000	15,500
Apr	30	18,000	210,000	9,000	15,000	30,000	75,000	27,000	4,500	60,000	15,000
May	31	18,600	217,000	9,300	15,500	31,000	77,500	27,900	4,650	62,000	15,500
Jun	30	18,000	210,000	9,000	15,000	30,000	75,000	27,000	4,500	60,000	15,000
Jul	31	18,600	217,000	9,300	15,500	31,000	77,500	27,900	4,650	62,000	15,500
Aug	31	18,600	217,000	9,300	15,500	31,000	77,500	27,900	4,650	62,000	15,500
Sep	30	18,000	210,000	9,000	15,000	30,000	75,000	27,000	4,500	60,000	15,000
Total		219,000	2,555,000	109,500	182,500	365,000	912,500	328,500	54,750	730,000	182,500

CAPÍTULO 5

RESULTADOS, COMPARAÇÃO E DISCUSSÃO

5.1 Resultados

Como foi anteriormente discutido que foi criado um orçamento simplificado de água NC sob a forma de excelentes folhas/programa, este programa foi adoptado para todas as avaliações com base em medições regionais dos seguintes componentes: procura de água, extracção de águas subterrâneas, precipitação, fluxo de água, armazenamento de barragens/depósitos, dessalinização, perdas no sistema de transporte, tratamento sanitário de hotéis e tratamento central de esgotos. Os quadros fornecem resultados detalhados das necessidades de água para uso agrícola e doméstico juntamente com as perdas nos sistemas de transporte à escala regional e mensal. Da mesma forma, os resultados detalhados da água disponível de várias fontes poderiam também ser facilmente observados de forma simplificada nos quadros. Os resultados dos anos hidrológicos seguintes (2000, 2001, 2002, 2003 e 2010) foram obtidos a partir de pesquisas de doutoramento anteriores do Dr. Gozen Elkiran para comparação e avaliação de tendências.Ao observarmos cuidadosamente as tabelas podemos simplesmente observar como os componentes do orçamento de água flutuam com base no crescimento populacional, tamanho da área cultivada e métodos de irrigação adoptados. Do mesmo modo, a água disponível em Barragens, Dessalinização, e extracção de água subterrânea e.t.c. todos os resultados obtidos foram comparados e discutidos como se segue.

5.2 Comparação e Discussão

5.2.1 Tendência da Procura de Água na NC

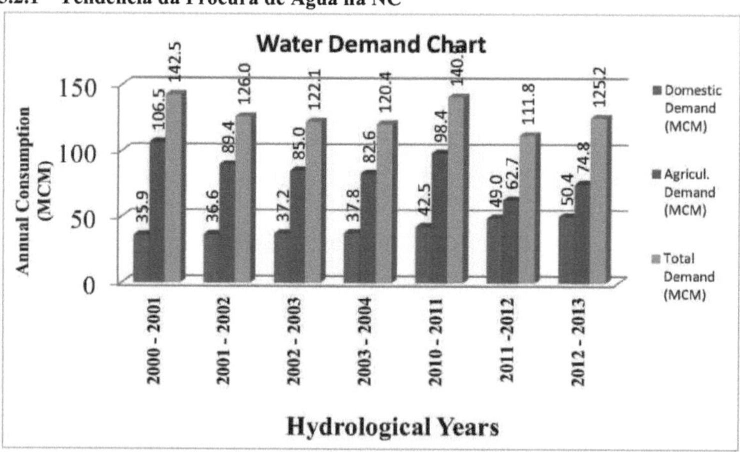

Figura 5.1: Comparação da Procura de Água para Consumo Doméstico, Agrícola e Total

A figura 5.1 acima ilustra a tendência da procura de água doméstica e agrícola, bem como o consumo total. Observou-se que, a tendência do consumo doméstico aumenta gradualmente em bases anuais que vão de 35,9 MCM no ano 2000 a 52,0MCM em 2012, inclusive perdas. Isto foi associado ao aumento gradual da população de estudantes residentes e internacionais em várias universidades e no sector do turismo, como ilustrado na Figura 5.2, no entanto, a Figura

5.1 e 5.3 mostra que, a tendência da procura agrícola desce gradualmente de 106,5MCM no ano 2000 para 62,7MCM em 2011 devido à modernização dos métodos de irrigação primitivos com técnicas modernas como o aspersor e o sistema de gotejamento, mas a procura aumenta para 74,0MCM como resultado de mais área cultivada em 2012 em comparação com 2011. Do mesmo modo, a procura total flutua devido ao efeito da flutuação da procura agrícola, os detalhes dos resultados são fornecidos no apêndice I, IA e IIA (ASP, 2011; ASP, 2012; Temel, 2014).

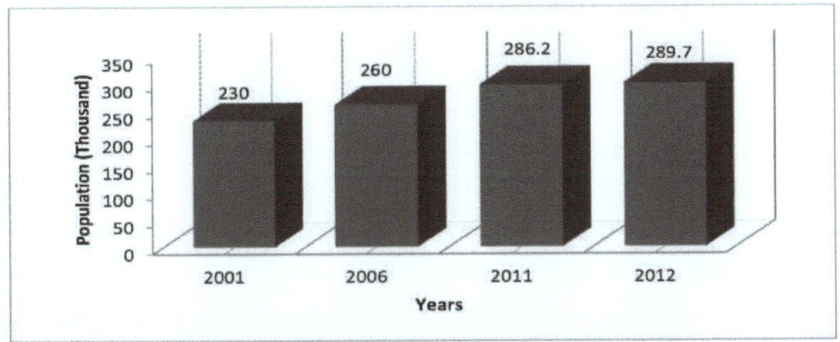

Figura 5.2: Tendência de Crescimento da População em NC (SPD, 2013)

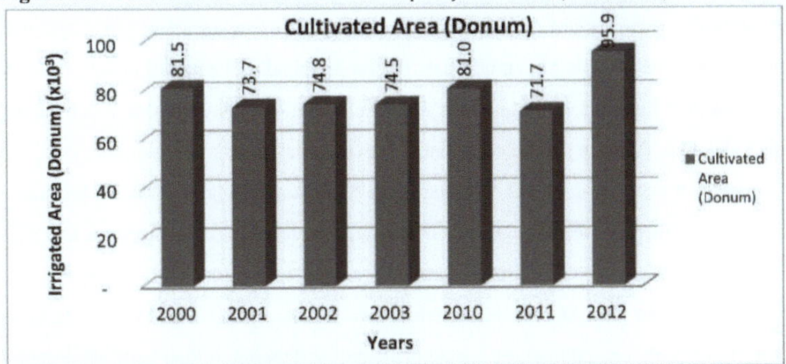

Figura 5.3: Flutuação Anual de Terra Irrigada em NC (ASP, 2012)

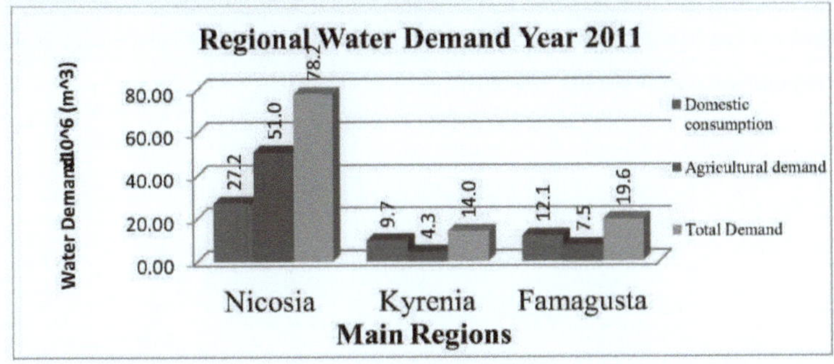

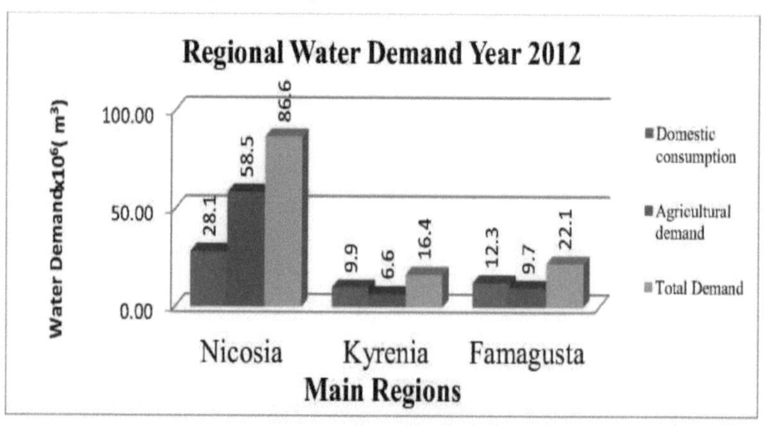

Figura 5.4b: Consumo Regional de Água Ano 2012

A Figura 5.4a e a Figura 5.4b ilustram as três principais regiões administrativas do Norte de Chipre, cada uma com a sua respectiva procura de água para os anos 2011 e 2012. Pode observar-se que para o ano de 2011, a região principal de Nicósia, que compreende as regiões centrais de Nicósia, Degirmenlik, Ercan e Guzelyurt, tem um consumo de água superior em comparação com as principais regiões de Kyrenia e Famagusta. A região principal de Nicósia representa 27,2 e 51,0MCM como procura de água para a procura doméstica e agrícola respectivamente com um total geral de 78,2MCM seguido pela região principal de Famagusta com um total geral de 19,6MCM como mostra a Figura 5.4a enquanto a região principal de Kyrenia, que compreende Kyrenia Oriental, Kyrenia Ocidental, Bogaz e Camlibel tem uma procura total doméstica e agrícola de 9,7 e 4,3MCM respectivamente com um total geral de 14MCM, portanto a região principal de Nicósia tem uma maior procura de água devido à grande população e prática de irrigação, para detalhes sobre a procura regional ver apêndice IG, IU, & IP.Considerando o ano 2012, o total geral da procura de água doméstica e agrícola para a região principal de Nicósia aumenta para 86,6MCM, seguido pela região principal de Famagusta com 22,1MCM, como mostra a Figura 5.4b, enquanto que a região principal de Kyrenia, o total geral da procura doméstica e agrícola aumenta um pouco para 16,4MCM, isto mostra que a região principal de Nicósia tem uma maior procura de água em comparação com as regiões principais de Famagusta e Kyrenia, para mais detalhes sobre a procura regional ver o apêndice IIG, IIU & IIP.

5.2.2 Tendência da Procura de Água e Perdas no Transporte

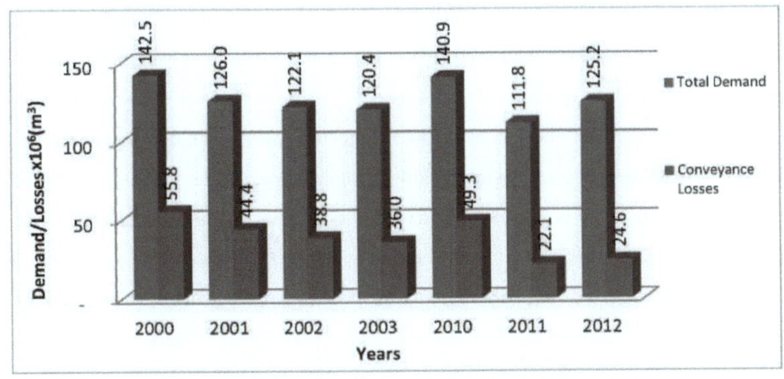

Figura 5.5: Comparação da Procura Anual de Água e Perdas no Transporte

A Figura 5.5 acima indica um declínio gradual nas perdas de transporte de 55,8MCM em 2000 para 24,6MCM em 2012, enquanto a procura total flutua um pouco com base na flutuação do consumo de rega, para mais pormenores ver Apêndice I, IA e IIA. Anteriormente, as perdas representavam 30% da oferta total, mas nos últimos anos, por exemplo, em 2011 e 2012 caiu para 25%, o que foi atribuído à substituição de algum sistema de transporte antigo por uma nova rede de condutas. Considerando a extensão do stress hídrico no país, as perdas no transporte precisam de ser controladas até uma quantidade mínima, de modo a utilizar eficazmente a água disponível da melhor forma possível. Por conseguinte, é aconselhável substituir todas as condutas de água morta, apesar do que possa custar, uma vez que poderia ser recuperada das receitas da água num curto espaço de tempo.

5.2.3 Tendência dos Recursos Hídricos em NC (Componentes de Entrada do Orçamento de Água)

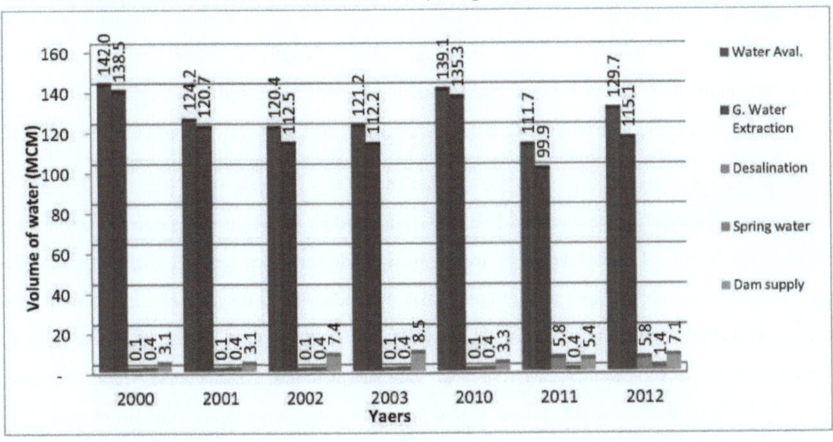

Figura 5.6: Tendência dos Componentes de Entrada para os Orçamentos de Água de NC

A Figura 5.6 ilustra a tendência da disponibilidade de recursos hídricos em NC de 2000 a 2012 Anos hidrológicos. O gráfico indica claramente a dependência da extracção de águas subterrâneas para abastecimento dos sectores doméstico e agrícola, isto foi relativamente associado ao abastecimento limitado de outros recursos, especialmente o fluxo dos cursos de água, não existem rios perenes excepto nascentes efémeras que correm apenas por um curto período na estação das chuvas. Observou-se que a extracção de águas subterrâneas diminui gradualmente certamente devido à implementação de alguma planta de dessalinização juntamente com a adopção de novos métodos de irrigação, a quantidade de água subterrânea extraída foi de 138,4MCM no ano 2000 mas felizmente diminui para 99,9MCM em 2011; contudo, a quantidade flutua em 2010 e 2012 devido ao aumento da dimensão das terras cultivadas. A dessalinização representa 109.500m^3 em 2000, 2001, 2002 até 2003, mas num esforço para fornecer mais água limpa ao público em geral, foram implementadas mais instalações de dessalinização, aumentando assim a quantidade para cerca de 5,8MCM em 2011 e 2012, a repartição dos resultados foi fornecida no apêndice IA e no apêndice IIA.

A estação central de tratamento de águas residuais de Nicósia e Kyrenia, todas juntas, têm uma capacidade de 3MCM no ano 2000, mas nos últimos anos foram construídas as estações de tratamento de águas residuais de Guzelyurt e Famagusta, o que leva a um aumento da produção para 9,5MCM no ano 2012, mas apesar da escassez de água, essa quantidade de água é desviada para o mar sem qualquer reutilização devido à crença tradicional. Da mesma forma, a água sanitária tratada nos hotéis estava a ser utilizada para irrigar flores e plantações dentro dos seus respectivos compostos. No ano 2012, a sua produção representa cerca de 0,226MCM. Consulte o apêndice IA ou o apêndice IIA para mais pormenores.

O fluxo de água é mínimo como resultado do impacto do clima mediterrânico, da aridez e da ausência de rios perenes como tal as estatísticas da água armazenada na barragem variam de ano para ano. A água anual armazenada em todas as barragens de irrigação está a ser utilizada para irrigação e em alguns locais para recarga de aquíferos, a análise de tendência mostra que apenas 3,3MCM estava disponível para abastecimento no ano 2000, mas a quantidade flutua com valor incremental até 10,5MCM no ano 2012, como mostrado na Figura 5.7, esta informação aponta para o alívio da seca que, alternativamente, permite mais cultivo na estação chuvosa.

Geralmente, sem água subterrânea, a vida teria sido difícil e ameaçadora na NC, isto deve-se ao facto de em 2012 a quantidade total de água dessalinizada e de armazenamento de barragens ser de 12,9MCM, enquanto que a de água doce subterrânea é mínima no seu conjunto a quantidade total disponível é muito inferior à procura total. Isto mostra claramente que houve um desequilíbrio muito significativo entre a procura e a oferta, para mais pormenores verificar o Apêndice I, IA e Apêndice IIA, isto justifica e prova a dependência das águas subterrâneas devido à oferta limitada destas fontes. Como discutido anteriormente, a extracção excessiva de águas subterrâneas levou a uma diminuição do nível do lençol freático em todo o país juntamente com a salinização da maioria dos aquíferos costeiros e interiores, a melhor forma alternativa de aliviar os aquíferos será o fornecimento activo de 75MCM de água anualmente da Turquia para a NC, o que, espera-se, quando concluído e devidamente distribuído, dará simultaneamente origem a cultivar mais terra irrigável, permitindo ao mesmo tempo que os aquíferos se reabasteçam de novo para o estado fresco. Para alcançar este objectivo, é necessário aplicar uma gestão integrada dos recursos hídricos.

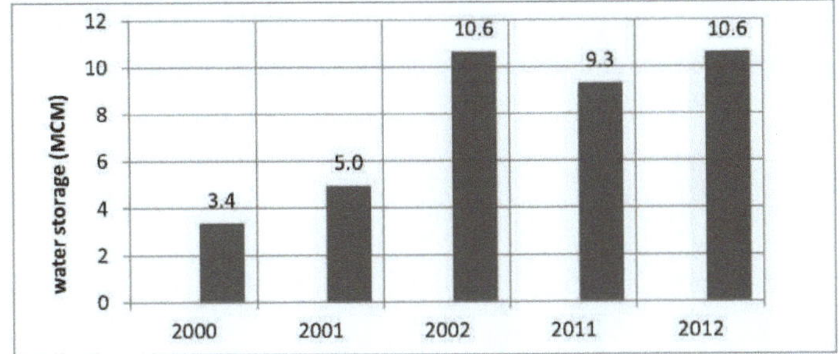

Figura 5.7: Flutuação do Armazenamento de Água em Reservatórios de Rega Ano 2000 a 2012

5.2.4 Tendência da Precipitação Média Anual 1975 - 2012

A figura 5.8 acima mostra a tendência da soma anual da precipitação em NC, esta variável aleatória flutua com o tempo e de acordo com as condições de seca. Considerando o intervalo dos dados plotados, a média a longo prazo foi avaliada em 373mm para verificação de detalhes no apêndice IV. Foi afirmado anteriormente que a NC tem um clima árido como tal, registando uma baixa pluviosidade na maioria das suas regiões. A partir da Figura 5.8, foi possível constatar que se registaram secas graves em 1982, 1989 e 1990, bem como em 1995, 1998, 1999 e ano de 2008.

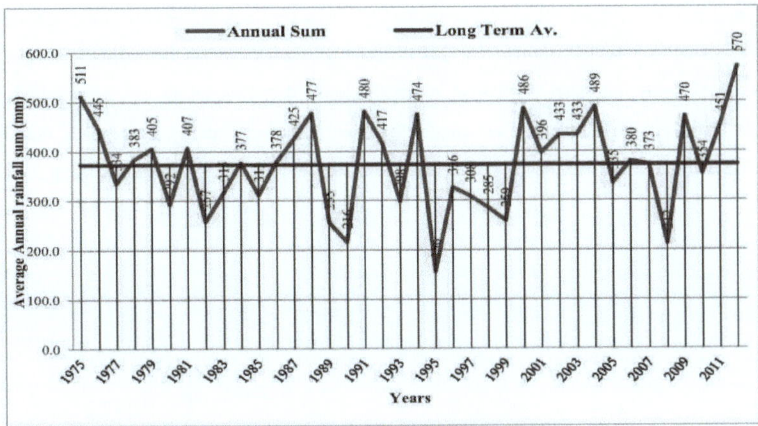

Figura 5.8: Tendência da pluviosidade na NC 1975 a 2012

Felizmente, a intensidade aumenta para acima da média a longo prazo, desde o ano 2000 até à data (2012), excepto em 2005 e 2007, onde outras secas foram registadas, conforme ilustrado na Figura 5.8 e no Apêndice IV. Observou-se também que a média a longo prazo é pequena em comparação com a parte oriental da Turquia que tem até 2200 mm como soma anual de precipitação, o impacto das alterações climáticas e da seca contribuiu grandemente para a escassez de água devido ao facto de a precipitação ter sido menor, produzindo uma quantidade relativamente pequena de fluxo, uma vez que se registou menos armazenamento de barragens em toda a NC. Daí a necessidade de uma gestão integrada dos recursos hídricos para uma utilização eficiente dos recursos disponíveis, a fim de satisfazer as necessidades futuras, que estão também associadas ao aumento da população e ao impacto inesperado da seca.

5.2.5 Distribuição de terras aráveis e flutuação da área cultivada

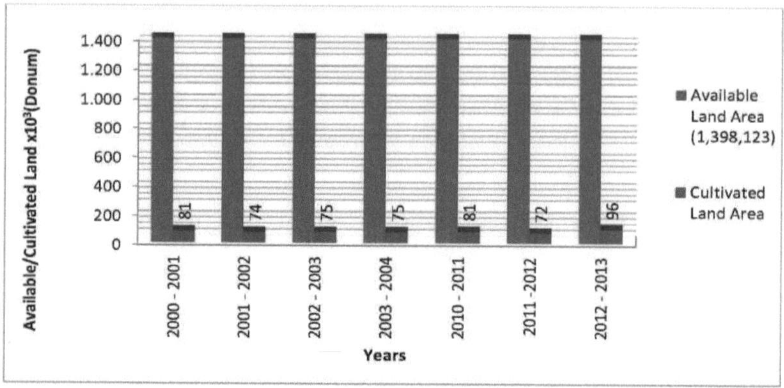

Figura 5.9: Variação das terras destinadas à agricultura e à área cultivada

NC foi abençoada com terra fértil constituída por sedimentos argilosos consolidados e solo argiloso adequado para a produção de variedades de culturas económicas. Uma área total de terra de 1.398.123 donum foi afectada à produção agrícola, como mostra a Figura 5.9, infelizmente devido à escassez de água, uma área total de terra variando entre 73.677 em 2000 e 95.892 donum em 2012 foram cultivados através de irrigação, o que corresponde a 5,27 a 6,86% do total de terra disponível, respectivamente. Isto mostra que existe um grande potencial de irrigação que, quando cultivado, se vangloria de um desenvolvimento económico muito significativo. O quadro 5.1 fornece a distribuição de terras agrícolas regionais por todo o norte de Chipre.

Quadro 5.1: Distribuição regional de terras agrícolas

S/NO	Regions	Land Distribution
1	Central Nicosia	105,566
2	Değirmenlik	54,325
3	Ercan	123,203
4	Güzelyurt	106,776
5	Lefke	53,718
6	Famagusta A	34,892
7	Famagusta B	91,588
8	Akdoğan	132,663
9	Geçitkale	100,922
10	Gönendere	73,964
11	Yeni İskele	102,099
12	Mehmetçik	91,549
13	Yeni Erenköy	112,622
14	Kyrenia East	34,725
15	Kyrenia West	20,346
16	Boğaz	50,491
17	Çamlıbel	108,674
Total		1,398,123

O potencial de irrigação acima referido, quando gerido adequadamente sob o fornecimento de água de boa qualidade, será gerada uma grande quantidade de rendimentos para o crescimento económico. Da mesma forma, ao utilizar todos os recursos da terra, um grande número de pessoas empregar-se-á, reduzindo assim o desemprego através desta perspectiva.

5.2.6 Aquifer status in NC Year 2012

Table 5.2: Aquifer Storage Capacities and Status Due to Over Extraction and Mineral Contamination (Necdet, 201)

Aquifer Name	Sub-region	Rech. Cap. (10^6) (m^3)	2000 Wat. Ext. (10^6) (m^3)	2000 Aqu. Sit. (10^6) (m^3)	2001 Wat. Ext. (10^6) (m^3)	2001 Aqu. Sit. (10^6) (m^3)	2002 Wat. Ext. (10^6) (m^3)	2002 Aqu. Sit. (10^6) (m^3)	2003 Wat. Ext. (10^6) (m^3)	2003 Aqu. Sit. (10^6) (m^3)	2010 Wat. Ext. (10^6) (m^3)	2010 Aqu. Sit. (10^6) (m^3)	2011 Wat. Ext. (10^6) (m^3)	2011 Aqu. Sit. (10^6) (m^3)	2012 Wat. Ext. (10^6) (m^3)	2012 Aqu. Sit. (10^6) (m^3)	Status
Guzelyurt	Guzelyurt	37	83.2	-46.2	73.6	-36.6	65.8	-28.8	67.2	-30.2	81.8	-44.8	60.1	-23.1	62.2	-25.2	Contaminated
Lefke	Lefke	15.5	5.2	17.3	5.2	17.3	3.6	18.9	3.3	19.2	5.7	16.8	11	11.5	14.1	8.4	Safe
Yesilirmark	Lefke	7															
Serdarli	Nicosia	6	0.6	5.4	0	6	0	6	0	6	0	6	0	6	0	6	Gypsum Contamination
K. Mountain	Degirmenlik	10	4.7	5.3	4.7	5.3	4.8	5.2	5.1	4.9	5.4	4.6	4.9	4.85	6.2	3.55	Safe
	Total	75.5	93.7	-18.2	83.5	-8	74.2	1.3	75.6	-0.1	92.9	-17.4	76	-0.75	82.5	-7.25	
K. Coast	Kyrenia	9	14.4	-5.4	10.9	-1.9	11.1	-2.1	11.5	-2.5	12.5	-3.5	7.6	1.4	9.9	-0.9	Contaminated
Korucam	Camlibel	1.1	2.1	-1	2.1	-1	1.5	-0.4	1	0.1	2.3	-1.2	0.5	0.6	0.5	0.6	Limited supply
Akdeniz	Camlibel	1.5	2.3	-0.8	2.2	-0.7	2	-0.5	2	-0.5	2.5	-1	1.2	0.3	1.4	0.1	Contaminated
	Total	11.6	18.8	-7.2	15.2	-3.6	14.6	-3	14.5	-2.9	17.3	-5.7	9.3	2.3	11.8	-0.2	
Eas. Mesaria	Famagusta A	5	10.6	-4.1	7.8	-1.3	7.7	-1.2	7.4	-0.9	9	-2.5	3.7	2.8	5	1.5	Contaminated
Maras	Famagusta A	1.5															
Turkmenkoy	Akdogan	0.5	4.6	-2	3.5	-0.9	3.8	-1.2	3.3	-0.7	4	-1.4	3.9	-1.3	4.2	-1.6	Contaminated
Beyarmudu	Akdogan	0.5															
Cayonu	Akdogan	0.8															
Incirli	Akdogan	0.8															
Guvercinlik	Famagusta B	0.6	0.9	-0.3	1.1	-0.5	0.9	-0.3	0.9	-0.3	1.3	-0.7	0.9	-0.3	1.7	-1.1	Contaminated
Buyukkonuk	Mehmetcik	0.5	1.9	-1.4	2.1	-1.6	2.2	-1.7	2.6	-2.1	2.3	-1.8	0.2	0.3	0.2	0.3	Safe/Limited supply
Karpaz	Y. Erenkoy	1.5	3.9	-0.9	3.6	-0.6	6.1	-3.1	4.3	-1.3	4.1	-1.1	3.1	-0.15	2.8	0.15	Safe/Limited supply
Yesilkoy	Y. Erenkoy	1.5															Sulphur cont.
Gypsum Aquifers	Scattered	3.6	4.1	-0.5	3.9	-0.3	3	0.6	2.7	0.9	4.5	-0.9	3	0.6	3.4	0.2	Gypsum Contamination
	Sub-Total	16.8	26	-9.2	22	-5.2	23.7	-6.9	21.2	-4.4	25.2	-8.4	14.8	1.95	17.3	-0.55	
	Total	103.9	138.5	-34.6	114.38	-16.8	112.5	-8.6	112.21	-7.4	135.4	-31.5	99.92	3.5	115.13	-8	

O quadro 5.2 fornece informação sobre a situação dos aquíferos no ano NC 2000 - 2012. De acordo com algum relatório do departamento de Geologia, a capacidade média anual de recarga de todos os aquíferos disponíveis é de cerca de 103,9MCM, no entanto, os resultados desta pesquisa que foi apresentada no Quadro 5.2 mostra que houve um bombeamento excessivo para além do rendimento seguro, uma vez que quase todos os aquíferos ficaram contaminados com água do mar excepto poucos. Além disso, o nível da água em alguns dos aquíferos tinha descido, o que permite uma extracção limitada apenas através de poços profundos de bombagem. A extracção da água subterrânea para o ano 2000 foi de 138,5MCM, enquanto no ano 2001 foi de 114,3MCM e para 2002 foi de 112,5MCM. Do mesmo modo, para 2003 a quantidade foi 112,2MCM enquanto que para 2010, 2011 e 2012 foram encontrados 135,3, 99,9 e 115,1MCM respectivamente, conforme detalhado no Quadro 5.2. Estes valores também justificam que haja uma extracção excessiva que precisa de ser controlada para evitar mais contaminação.

Embora tenha exagerado, os aquíferos Yesilkoy e Lefke não foram contaminados da mesma forma, o aquífero da montanha Kyrenia também é fresco devido ao facto de estar acima do nível do mar e de ser recarregado pelas chuvas. Também devido ao saque a descoberto, o fornecimento de aquíferos de Korucam, Mesaria Oriental, Buyukkonuk e Karpaz é limitado. A contaminação mineral também contribuiu para tornar as águas subterrâneas impróprias nem para beber nem para irrigação, por exemplo, Nicosia Serdarli foi contaminada por gesso como indicado no Quadro 5.2, da mesma forma que Yesilkoy foi contaminada por enxofre, não podendo ser utilizada para qualquer fim para a sociedade. Para além dos aquíferos acima mencionados, todos os outros como o aquífero Guzelyurt estão em contacto com a água do mar e tinham ficado seriamente contaminados com sal até uma concentração de cerca de 5000ppm devido ao excesso de sal para além do seu respectivo rendimento seguro.

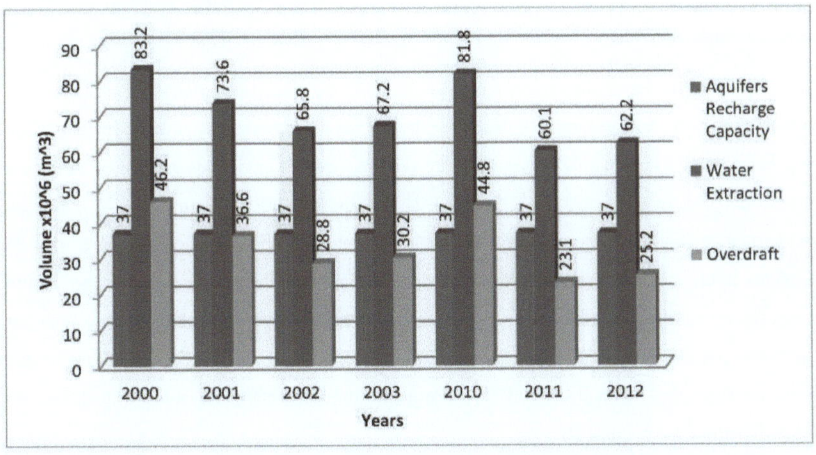

Figura 5.10a: Guzelyurt Aquífero Capacidade de Recarga, Extracção de Água e Descoberto

O aquífero de Guzelyurt é o principal aquífero que fornece água à área de Guzelyurt, Nicósia e algumas outras partes do país, a Figura 5.10a mostra que o aquífero tem uma capacidade de recarga de 37MCM anualmente. No entanto, a escassez de água tinha necessidade de bombear mais do que o seu rendimento seguro. Observou-se que, no ano 2000, houve um excedente de 46,2MCM, embora a concentração de sal fosse muito elevada, embora o aquífero esteja continuamente a ser extraído em excesso até ao ano 2012. Da mesma forma, a costa de Kyrenia tem vindo a experimentar o mesmo problema de extracção excessiva que o apresentado na Figura 10b. O quadro 5.2 fornece pormenores sobre a extracção excessiva, possivelmente até que o projecto de abastecimento de água de 75MCM em curso esteja concluído, pelo que é necessária uma gestão judiciosa dos recursos hídricos.

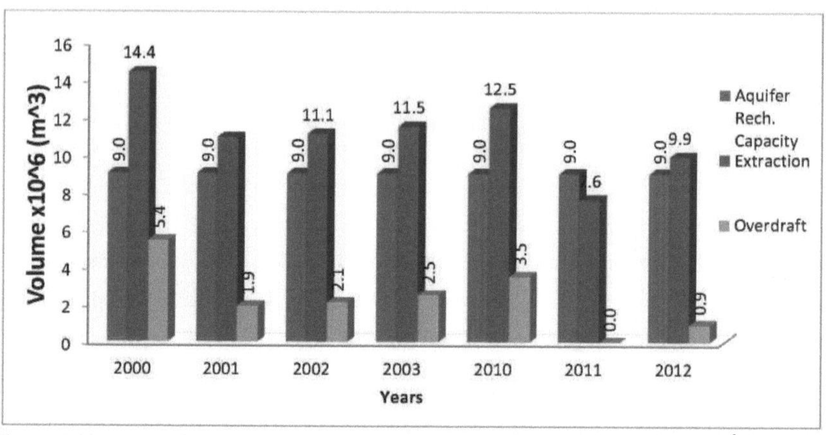

Figura 5.10b: Capacidade de Recarga do Aquífero Costeiro de Kyrenia, Extracção de Água e Descoberto

5.3 Avaliação da economia agrícola

Chipre foi abençoado com terras férteis adequadas para a produção de variedades de culturas. Até ao ano 2012 são cultivados vários tipos de culturas em quase todas as regiões, apesar do problema da qualidade e quantidade da água, que se espera venha a ser uma história num futuro próximo. Foram envidados esforços para levar a cabo uma avaliação da economia agrícola em 21 grupos de culturas listadas na Figura 5.11. A avaliação pretendia ser em termos de taxa média de consumo de água por Donum, custo da gestão agrícola e lucro do agricultor por Donum, infelizmente os dados sobre o custo da gestão agrícola foram difíceis de obter e variam de acordo com os tipos de culturas e regiões. A única informação orientadora disponível é a taxa de água por metro cúbico para a região de Guzelyurt que também varia entre 0,35, 0,40, 0,55, 0,85 e 1,0TL/m^3 o que corresponde a um intervalo de 0,20 a 0,484USD/m^3 . Para informações detalhadas sobre a avaliação da economia agrícola, consultar o Apêndice III.

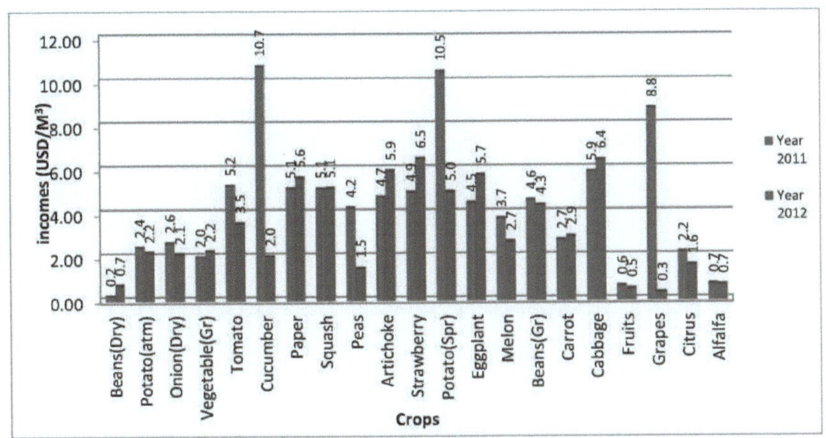

Figura 5.11: Flutuação dos Rendimentos Gerados por 21 Grupos de Culturas

A Figura 5.11 fornece uma lista de 21 culturas diferentes, cada uma com os seus rendimentos avaliados em USD/m^3 . Poderia verificar-se que algumas culturas são muito rentáveis, algumas são intermédias enquanto outras têm um ganho mínimo ou nenhum ganho. Do mesmo modo, a Figura 5.11 mostra como os rendimentos flutuam de um ano para o outro, o que está associado à qualidade da água, à fertilidade da terra e às necessidades da sociedade. A avaliação da economia agrícola realizada mostra que cerca de 146,6 e 115,1 milhões de UDS foram gerados em 2011 e 2012 respectivamente, o que é um rendimento valioso para a NC.

Com base na abordagem dos rendimentos gerados por metro cúbico, o gráfico indica que, o cultivo de Tomate, Pepino, Pimenta, Abóbora, Alcachofra, Morango, Batata (spr), Berinjela, Couve, e Uva são mais rentáveis para os agricultores com mais de 5,0USD/m^3 como rendimentos. O lucro das outras culturas tais como batata (atm), cebola (seca), vegetais e.t.c. varia de 2 a 4,99USD/m^3 excepto feijão (seco), Fruta e Alfafa que têm um lucro muito mínimo. Dentro destes rendimentos valiosos, os agricultores pagam taxas de água, custos de gestão da terra e outras despesas diversas e também para obter lucros relativamente consideráveis para cuidar deles próprios e da sua família. Para mais pormenores, ver o Apêndice III.

Além disso, observou-se que a produção de citrinos consumiu a maior percentagem de água a uma quantidade de 41,9MCM e 41,1MCM no ano 2011 e 2012 respectivamente, mas o agricultor acabou por ter um rendimento baixo de 2,18 em 2011 e acabou por baixar para 1,59USD/m^3 em 2012, por essa razão, os agricultores dificilmente poderiam obter algum lucro considerando o custo global durante o cultivo. Portanto, o cultivo de Citrinos também deveria ser investigado para verificar se é realmente lucrativo ou não com base na taxa de água, custo de gestão da terra e outras despesas diversas, se for lucrativo, então a sua produção poderia ser permitida e encorajada a continuar ou então a água anual consumida pelos citrinos poderia ser desviada para cultivar outras novas variedades de culturas que consomem menos água e de lucro valioso, do mesmo modo para o feijão (seco) e a Alfafa. Finalmente, é aconselhável que o Ministério da Agricultura oriente e aconselhe os agricultores sobre como utilizar eficazmente a água, a terra e outros recursos relacionados, de modo a aumentar o rendimento para um elevado benefício económico. O Apêndice III ilustra a repartição da avaliação.

CAPÍTULO 6

CONCLUSÕES E RECOMENDAÇÕES

6.1 Conclusões

No início desta investigação foi feita a hipótese de que a procura de água para consumo doméstico e agrícola poderia estar a aumentar, a diminuir ou a flutuar ao longo do tempo com base em vários factores a investigar.

Com base na avaliação do orçamento de água da NC para 2011, 2012 e em comparação com os resultados de pesquisas anteriores conduzidas pelo Dr. Gozen Elkiran, verificou-se que a tendência da necessidade de água doméstica é positiva, aumentando gradualmente em relação ao aumento da população e espera-se que continue a aumentar na medida em que a população humana continue a aumentar. Por outro lado, a tendência da procura de água para a produção agrícola flutua com o tempo devido à flutuação da área de terra cultivada, no entanto, em média, a sua tendência é negativa devido à modernização dos métodos de irrigação primitivos às técnicas modernas, bem como à minimização das perdas através da substituição do antigo sistema de transporte de água. Embora existam recursos hídricos limitados na NC, mas estas descobertas mostram fortemente que, a tendência da procura de água na NC será positiva, o que significa que a procura continuará a aumentar se mais terras continuarem a ser cultivadas através da irrigação.

A região principal de Nicósia, que compreende as regiões centrais de Nicósia, Degirmenlik, Ercan e Guzelyurt, tem um maior consumo de água em comparação com as principais regiões de Kyrenia e Famagusta. No ano 2012, a região principal de Nicósia representa 86,6MCM como total geral de água necessária para a procura doméstica e agrícola, seguida pela região principal de Famagusta com um total geral de 22,1MCM, enquanto que a região principal de Kyrenia composta por Kyrenia Oriental, Kyrenia Ocidental, Bogaz e Camlibel tem uma procura doméstica e agrícola total de 16,4MCM, portanto, a região principal de Nicósia tem uma procura de água mais elevada devido à elevada população e às práticas de irrigação como tal requerem mais água doce do que a de Famagusta e Kyrenia.

Segundo o departamento de geologia, a capacidade média anual de recarga dos aquíferos é de 103,9MCM, mas os resultados da investigação mostram que em 2012 a extracção de águas subterrâneas representa 115,1MCM, o que confirma que ainda existe um significativo saque a descoberto. Guzelyurt aquíferos fornecem água à maior parte do país, mas na sequência da escassez de água foi registado um descoberto de 25,2MCM em 2012.

A procura total para o ano 2012 foi de 125,2MCM no entanto, a quantidade total de água dessalinizada e de armazenamento de barragens foi de 12,9MCM e a de água doce subterrânea obtida de aquíferos não contaminados é mínima, tudo junto a quantidade total de água doce disponível é muito inferior à procura, levando a um desequilíbrio muito significativo entre a procura e o abastecimento de água doce. Portanto, apesar do esforço de desenvolvimento em curso do projecto de abastecimento de água 75MCM da Turquia ao Norte de Chipre, dos quais 50,3% (37,7MCM) serão atribuídos ao abastecimento municipal e os outros 49,7% (37,3MCM) serão utilizados para a agricultura, mesmo após a conclusão deste projecto, o total de água doce disponível será inferior à procura. Assim, poder-se-ia concluir que o projecto de abastecimento de água aliviará grandemente a escassez de água, mas existe uma tendência para que algumas partes do país continuem a sofrer de escassez de água. Por conseguinte, para alcançar a segurança da água, é necessário que o governo planeie mais projectos de desenvolvimento de água, tais como a implementação de mais estações de dessalinização em locais estratégicos e também é necessário rever as leis, políticas e sistema integrado de gestão de recursos hídricos existentes, de modo a garantir a segurança da água e evitar a desfragmentação e duplicação de esforços de desenvolvimento.

Finalmente, a avaliação da economia agrícola realizada mostra que, cerca de 146,6 e 115,1 milhões de UDS foram gerados em 2011 e 2012 respectivamente, o que é um rendimento valioso para a NC, mas há um elevado consumo de água no sector agrícola, particularmente no cultivo de citrinos. Assim, para uma gestão eficiente da água, é aconselhável controlar o consumo excessivo nas áreas de produção de citrinos.

6.2 Recomendações

Devido ao facto de a tendência do orçamento de água da NC ser positiva no que diz respeito ao aumento do crescimento populacional, da urbanização e da prática de irrigação, poderiam ser feitas as seguintes recomendações:

1. É necessário avaliar periodicamente o orçamento da água em bases regionais, por exemplo, de 5 em 5 ou 10 em 10 anos, a fim de fornecer actualizações periódicas sobre a procura e oferta para uma gestão criteriosa da água no sector doméstico e de irrigação.
2. Há necessidade de fornecer actualizações periódicas sobre a extracção de águas subterrâneas e a capacidade de rendimento de todos os aquíferos disponíveis, incluindo a extensão da contaminação ou reabastecimento.
3. Há necessidade de fornecer actualizações periódicas sobre o fluxo do fluxo e armazenamento de barragens, incluindo a medida em que estes recursos são afectados pela seca.
4. Sequência à escassez de água e recursos hídricos limitados no país, é aconselhável estudar a possibilidade de implementar instalações de dessalinização solar, de modo a garantir a segurança da água para o desenvolvimento sustentável. Isto dará também origem a cultivar mais terra para um maior crescimento económico.
5. Embora houvesse muitas barragens em todo o país que dependem inteiramente da pluviosidade/fluxo/fluxo para recarga, a capacidade de armazenamento das barragens deve ser investigada contra o assoreamento para assegurar que todo o escoamento seja recolhido, armazenado e distribuído judiciosamente para um benefício óptimo.

6. A quantidade de água tratada pelas estações de tratamento central de Nicosia, Kyrenia, Guzelyurt e Famagusta é bastante contabilizada em cerca de 9,5MCM em 2012, que o funcionário da água diz que estava a ser desviada para o Mar Mediterrâneo sem qualquer reutilização. Ao considerar o nível de escassez de água no país e a necessidade de colocar mais terra em cultivo, é necessário analisar as possibilidades de utilizar essa água tratada, entretanto é aconselhável considerar o nível do seu' tratamento e avaliar a sua' qualidade com base num padrão aceitável, se a qualidade estiver abaixo do padrão, então deve ser feito mais tratamento para garantir que é útil para a produção agrícola, uma vez que contém muitas necessidades macro nutritivas por cultura.

7. Com base na avaliação da economia agrícola de algumas culturas seleccionadas, recomenda-se investigar o rendimento de produção de Citrinos, uma vez que consumiu uma elevada percentagem de água com menor benefício económico, de modo a aumentar a sua produtividade ou então minimizar a sua' produção e introduzir novas culturas que são procuradas e rentáveis com menor consumo de água.

REFERÊNCIAS

ASP. (2011). *Estrutura e produção agrícola, estatísticas anuais.* (NC: Ministério da Agricultura e Silvicultura, Departamento de Agricultura, Nicósia).

ASP. (2012). *Estrutura e produção agrícola, estatísticas anuais.* (NC: Ministério da Agricultura e Florestas, Departamento de Agricultura, Nicósia).

Akintug, B. (2011). *Evaporação e Transpiração. Nota de palestra sobre recursos hídricos sustentáveis,* METU, Campus do Norte de Chipre.

Brian Ellis. (2009). Água em Chipre, NC, Nicósia. Setembro, 2013, Recuperado a 12 de Março de 2014, de, http://www.cypenv.info/cypruswater/files/groundwat.aspx

Elkiran, G., & Ergil, M. (2002, Novembro). Uma perspectiva geral dos aquíferos na NC. *2º Simpósio Internacional da FAE,* NC: Universidade de LAU, pp. 6-8.

Elkiran, G., & Ergil, M. (2006). A avaliação de um orçamento hídrico do Norte de Chipre. *Construção e Ambiente,* 41(12), 1671-1677.

Elkiran, G., & Ergil, M. (2004). The water budget analysis of Girne region, North Cyprus. *In Advances in Civil Engineering 6th International Congress (ed. T. Ozturan) Bogazici University, Turquia,* 1238-1247.

Elkiran, G., & Ergil, M. (2002). Planeamento e gestão integrada dos recursos hídricos do Norte de Chipre: Estudo de caso sobre a oferta e procura de água, incluindo condições de seca. NC: Universidade Europeia de Lefke, Departamento de Engenharia Civil.

Elkiran, G., & Ongul, Z. (2009). Implicações da retirada excessiva de água para o ambiente do norte de Chipre. *Water and Environment Journal, 23*(2), 145-154.

DSI. (2012). Projecto de abastecimento de água ao Norte de Chipre, Obras Hidráulicas do Estado da Turquia.

Gokcekus, H., Turker U., Sozen S., & Orhon D. (2002). Water management difficulties with limited and contaminated water resources, case study of NC. *In Proceedings of the International Conference on Environmental Problems of the Mediterranean Region,* EPMR-2002, Volume I, NC, Near East University, Nicosia.

GWP. (2005). Planos de gestão integrada dos recursos hídricos, manual de formação e guia operacional. Global water partnership, *TEC Paper 4,* Canadá.

Gokchekus, H. (2001). Avaliação do problema da água na NC. *Em 4th International Symposium on Eastern Mediterranean Geology, Isparta, Turquia.*

Gokcekus, H. (2014), NC's Water laws and policies. *Em International Integrated Water Management Symposium.* (pp. 25-26). Istambul-república da Turquia.

Gokcekus, H. (1997). Procura de água no Norte de Chipre. *Em Proceedings of the International Conference on Water Problems in Mediterranean Countries.* Volume II, NC: Universidade do Próximo Oriente.

Kilickaya. (1977), Quantas vezes irrigar e quanta água deve ser libertada. NC: Ministério da Agricultura e Silvicultura, Departamento de Agricultura, Nicósia.

Necdet, M. (2006). *Águas subterrâneas em NC.* (NC: Departamento de Geologia, Nicósia).

Necdet, M. (2012). *Mapa de aquíferos e águas subterrâneas em NC,* (NC: Departamento de Geologia, Nicósia).

Departamento de Protecção Ambiental de Nova Jérsia. (2000). *Water budget in the raritan river basin,* relatório técnico, (NJ: Water supply authority).

Oznel, N. (2014). *Tratamento de esgotos e produção de água sanitária em NC,* (NC: departamento de obras hidráulicas, divisão de tratamento de esgotos, Nicósia).

Ontário. (2010). Gestão integrada das bacias hidrográficas, visão geral do orçamento da água para Ontário, (Ontário: Novo mercado, LEY 4W3).

DOCUP. (2013). *Censo de Chipre,* Carta noticiosa 2013, (NC: Departamento de Planeamento do Estado, Nicósia).

Temel, R. (2014). *Fábricas de dessalinização e produção diária no Norte de Chipre*, (NC: Departamento de obras hidráulicas, Nicósia).

ONU, (1970). *Levantamento das águas subterrâneas e dos recursos minerais em Chipre,* (nação unida, Nova Iorque).

Usul, N. (2001). Hidrologia de Engenharia. Turquia: METU, editora de imprensa.

Wikipédia. (2012). Esboço do Norte de Chipre, Nicósia, Recuperado a 13 de Abril de 2014, a partir de http://en.wikipedia.org/wiki/Geography de Chipre

Wikipédia. (2013). Níveis de água caindo em Chipre, News perspective, LemonCY.eu, Recuperado a 18 de Março de 2014, de http://www.lemoncy.eu/news detail.php?Vid=208

DSI. (2012). Projecto de abastecimento de água da Turquia ao Norte de Chipre, Recuperado a 23 de Janeiro de 2014, a partir de http://www.ansamed.info/ansamed/en/news/sections/economics/2012/10/15/Turkey- starts-water-supply-project-North-Cyprus 7632671.html

Comparison of water budget components

YEARS	Domestic Demand (m³/y)	Agricultural Demand (m³/y)	Total Demand (m³/y)	Cultivated Land (Donum)	Available Land (Donum)	Total Losses (m³/y)	G. Water Extraction (m³/y)	Desalination (m³/y)	Dam storage (m³/y)	Spring water (m³/y)	Total W. Avail. (m³/y)
2000	35,920,737	106,534,596	142,455,333	81,462	1,398,123	55,836,613	138,473,532	109,500	3,071,506	350,649	142,005,187
2001	36,554,963	89,429,155	125,984,118	73,677	1,398,123	44,382,970	120,673,984	109,500	3,082,803	365,292	124,231,579
2002	37,158,307	84,960,608	122,118,915	74,785	1,398,123	38,813,130	112,489,542	109,500	7,372,465	384,529	120,356,036
2003	37,791,429	82,624,934	120,416,436	74,500	1,398,123	35,976,635	112,208,231	109,500	8,450,913	386,924	121,155,568
2010	42,496,455	98,372,071	140,868,526	81,045	1,398,123	49,348,805	135,321,110	109,500	3,293,582	365,922	139,090,114
2011	49,047,457	62,746,144	111,793,601	71,707	1,398,123	22,068,779	99,918,231	5,821,750	5,368,174	377,662	111,485,817
2012	50,361,711	74,795,420	125,157,131	95,892	1,398,123	24,633,131	115,127,461	5,821,750	7,126,204	400,550	129,701,551

Treatment of sanitary water year 2012:

Regional Sanitary water: 9,592,860m³/year

Hotel sanitary water: 226,586m³/year

APPENDIX IA

Summary of Water Budget of TRNC and its Components on Regional and Monthly Bases for Year 2011

LMR	Agricultural Use			Domestic Use						Total Consumption	Available Resources					Gr. Water Extraction
	Irrigation	Loss.	Total	Live Stock	Hotels	Universities	Houses	Loses	Total		Springs	Sanitary	Dams	Hotel Sanitary Water	Desalination	
C. Nicosia	391,026	72,225	463,251	107,753	58,546	559,888	6,866,747	2,277,880	9,870,815	10,334,066	0	7,863,000	463,251	0	0	0
Değirmenlik	609,157	150,483	759,640	215,507	0	0	1,989,472	661,494	2,866,473	3,626,113	19,238	0	173,895	0	0	3,432,980
Ercan	807,860	258,677	1,066,537	179,950	0	0	105,036	85,496	370,482	1,437,019	0	0	0	0	0	1,437,019
Guzelyurt	31,350,142	5,921,481	37,271,623	164,808	13,578	74,230	9,786,780	3,011,819	13,051,215	50,322,838	0	157,260	0	3,617	0	60,093,537
Lefke	9,413,989	2,003,455	11,417,444	67,713	3,066	89,612	658,138	245,559	1,064,087	12,481,531	0	0	1,491,383	0	0	10,990,148
Total	42,572,174	8,406,321	50,978,495	735,732	75,190	723,730	19,406,173	6,282,248	27,223,073	78,201,568	19,238	8,020,260	2,128,529	3,617	0	75,953,685
MMR																
Magusa A	898,450	185,958	1,084,408	90,122	113,223	357,340	3,618,050	1,253,621	5,432,356	6,516,764	0	786,300	0	25,162	2,828,750	3,662,853
Magusa B	92,955	18,159	111,114	92,684	0	0	516,122	182,642	791,448	902,562	0	0	0	0	0	902,562
Akdogan	2,046,639	741,860	2,788,498	336,685	0	0	527,795	259,344	1,123,824	3,912,322	0	0	0	0	0	3,912,322
Y. Eronkoy	1,454,976	435,970	1,890,946	200,697	24,163	0	809,618	310,344	1,344,822	3,235,768	0	0	0	2,097	109,500	3,124,471
Mehmetcik	244,622	46,351	290,973	108,828	205,130	0	401,884	214,753	930,595	1,221,568	4,995	0	290,973	40,835	730,000	154,765
Y. Iskele	467,529	85,298	552,827	157,623	58,254	0	907,663	337,062	1,460,602	2,013,429	43,375	0	302,486	10,589	182,500	1,489,479
Gönendere	158,877	29,801	188,678	88,896	0	0	422,604	153,450	664,950	853,628	13,474	0	188,678	0	0	651,476
Geçitkale	460,121	107,002	567,123	121,151	0	0	147,482	80,590	349,223	916,346	28,140	0	68,039	0	0	820,167
Total	5,824,170	1,650,397	7,474,567	1,196,687	400,770	357,340	7,351,218	2,791,805	12,097,820	19,572,387	89,984	786,300	850,176	78,682	3,850,750	14,718,094
GMR																
Girne East	796,223	157,361	953,584	71,766	578,963	200,525	3,060,801	1,173,617	5,085,672	6,039,256	14,075	786,300	827,292	111,995	1,788,500	3,297,393
Gine West	1,314,354	237,193	1,551,547	21,703	336,165	0	1,980,838	701,612	3,040,318	4,591,865	110,175	0	0	32,291	182,500	4,266,899
Bogaz	218,293	38,522	256,815	118,371	0	0	745,540	259,173	1,123,084	1,379,899	1,890	0	220,867	0	0	1,157,142
Camlibel	1,270,795	260,341	1,531,136	145,929	0	0	221,372	110,190	477,491	2,008,627	142,300	0	1,341,310	0	0	525,017
Total	3,599,665	693,417	4,293,082	357,769	915,128	200,525	6,008,551	2,244,592	9,726,565	14,019,647	268,440	786,300	2,389,469	144,286	1,971,000	9,246,451
TRNC																
October	4,124,033	992,341	5,116,374	194,509	118,147	143,336	2,801,911	977,371	4,235,275	9,351,649	25,986	794,220	1,082,222	18,759	494,450	7,722,036
November	512,588	193,977	706,565	188,235	114,336	138,713	2,711,526	945,843	4,098,653	4,805,218	32,653	658,800	40,506	15,561	478,500	4,245,067
December	0	0	0	194,509	118,147	143,336	2,801,911	977,371	4,235,275	4,235,275	36,264	567,300	0	13,400	494,450	3,683,265
January	0	0	0	194,509	118,147	143,336	2,801,911	977,371	4,235,275	4,235,275	32,121	567,300	0	13,400	494,450	3,687,108
February	0	0	0	175,686	106,714	46,946	2,490,654	846,000	3,665,999	3,665,999	18,558	512,400	0	12,103	446,600	3,181,335
March	148,206	28,732	176,937	194,509	118,147	130,015	2,788,590	969,379	4,200,641	4,377,578	22,097	680,760	24,992	16,080	494,450	3,811,763
April	3,554,459	723,706	4,278,164	188,235	114,336	125,822	2,698,636	938,109	4,065,137	8,343,301	28,764	768,600	655,610	18,154	478,500	7,154,342
May	6,228,920	1,358,170	7,587,090	194,509	118,147	130,015	2,788,590	969,379	4,200,641	11,787,731	49,841	907,680	484,221	21,439	494,450	10,729,583
June	9,182,148	1,768,322	10,950,470	188,235	114,336	125,822	2,698,636	938,109	4,065,137	15,015,607	37,969	988,200	1,170,530	23,341	478,500	13,297,336
July	10,875,229	2,031,994	12,907,223	194,509	118,147	51,976	2,757,510	936,643	4,058,785	16,966,008	35,819	1,134,600	1,019,436	26,799	494,450	15,381,307
August	9,997,387	2,019,375	12,016,762	194,509	118,147	51,976	2,757,510	936,643	4,058,785	16,075,547	31,057	1,134,600	683,433	26,799	494,450	14,831,611
September	7,373,039	1,633,520	9,006,559	188,235	114,336	50,299	2,668,557	906,428	3,927,855	12,934,414	26,533	878,400	207,224	20,748	478,500	12,193,478
Total	51,996,009	10,750,135	62,746,144	2,290,189	1,391,088	1,281,595	32,765,942	11,318,644	49,047,457	111,793,601	377,662	9,592,860	5,368,174	226,586	5,821,750	99,918,231

Water budget of Central Nicosia Region on Monthly Bases for Year 2011

Central Nicosia region	Agricultural Use			Domestic Use						Total	Available Resources						
	Irrigation	Loss.	Total	Live Stock	Hotels	Universities	Houses	Loses	Total	Consumption	Springs	Sanitary	Dams	Hotel Sanitary Water	Desalination	Ground Water Extraction
October	4,205	1,632	5,837	9,152	4,972	66,602	583,203	199,179	863,108	868,945	0	651,000	5,837	0	0	0
November	651	279	930	8,856	4,812	64,454	564,390	192,754	835,266	836,196	0	540,000	930	0	0	0
December	0	0	0	9,152	4,972	66,602	583,203	199,179	863,108	863,108	0	465,000	0	0	0	0
January	0	0	0	9,152	4,972	66,602	583,203	199,179	863,108	863,108	0	465,000	0	0	0	0
February	0	0	0	8,266	4,491	20,052	526,764	167,872	727,446	727,446	0	420,000	0	0	0	0
March	0	0	0	9,152	4,972	53,282	583,203	195,183	845,791	845,791	0	558,000	0	0	0	0
April	2,083	440	2,523	8,856	4,812	51,563	564,390	188,887	818,508	821,031	0	630,000	2,523	0	0	0
May	44,407	8,124	52,531	9,152	4,972	53,282	583,203	195,183	845,791	898,322	0	744,000	52,531	0	0	0
June	141,692	25,209	166,901	8,856	4,812	51,563	564,390	188,887	818,508	985,409	0	810,000	166,901	0	0	0
July	146,791	25,952	172,743	9,152	4,972	22,201	583,203	185,858	805,386	978,129	0	930,000	172,743	0	0	0
August	42,891	8,068	50,959	9,152	4,972	22,201	583,203	185,858	805,386	856,345	0	930,000	50,959	0	0	0
September	8,306	2,521	10,827	8,856	4,812	21,485	564,390	179,863	779,406	790,233	0	720,000	10,827	0	0	0
Total	391,026	72,225	463,251	107,753	58,546	559,888	6,866,747	2,277,880	9,870,815	10,334,066	0	7,863,000	463,251	0	0	0

APPENDIX IC

Water Budget of Değirmenlik Region on Monthly Bases for the Year 2011

Değirmenlik	Agricultural Use			Domestic Use						Total	Available Resources					Gr. Water
	Irrigation	Loss.	Total	Live Stock	Hotels	Universities	Houses	Loses	Total	Consumption	Springs	Sanitary	Dams	Hotel Sanitary Water	Desalination	Extraction.
October	30,657	11,092	41,749	18,303	0	0	168,969	56,182	243,454	285,203	1,383	0	41,749	0	0	242,071
November	7,490	1,904	9,394	17,713	0	0	163,518	54,369	235,601	244,995	2,456	0	9,394	0	0	233,145
December	0	0	0	18,303	0	0	168,969	56,182	243,454	243,454	1,574	0	0	0	0	241,880
January	0	0	0	18,303	0	0	168,969	56,182	243,454	243,454	3,055	0	0	0	0	240,399
February	0	0	0	16,532	0	0	152,617	50,745	219,894	219,894	1,321	0	0	0	0	218,573
March	9,100	1,606	10,706	18,303	0	0	168,969	56,182	243,454	254,160	1,260	0	10,706	0	0	242,194
April	10,743	2,024	12,766	17,713	0	0	163,518	54,369	235,601	248,367	1,296	0	12,766	0	0	234,305
May	50,279	13,836	64,114	18,303	0	0	168,969	56,182	243,454	307,568	1,776	0	64,114	0	0	241,678
June	134,862	30,813	165,675	17,713	0	0	163,518	54,369	235,601	401,276	1,504	0	35,166	0	0	364,606
July	154,969	35,536	190,505	18,303	0	0	168,969	56,182	243,454	433,959	1,301	0	0	0	0	432,658
August	131,832	31,569	163,401	18,303	0	0	168,969	56,182	243,454	406,855	1,235	0	0	0	0	405,620
September	79,226	22,104	101,330	17,713	0	0	163,518	54,369	235,601	336,931	1,077	0	0	0	0	335,854
Total	609,157	150,483	759,640	215,507	0	0	1,989,472	661,494	2,866,473	3,626,113	19,238	0	173,895	0	0	3,432,980

APPENDIX ID

Water Budget of Ercan Region on Monthly Bases for Year 2011

Ercan	Agricultural Use			Domestic Use						Total	Available Resources					Gr. Water
	Irrigation	Loss.	Total	Live Stock	Hotels	Universities	Houses	Loses	Total	Consumption	Springs	Sanitary	Dams	Hotel Sanitary Water	Desalination	Extraction
October	37,949	16,264	54,213	15,283	0	0	8,921	7,261	31,466	85,679	0	0	0	0	0	85,679
November	147	63	210	14,790	0	0	8,633	7,027	30,451	30,661	0	0	0	0	0	30,661
December	0	0	0	15,283	0	0	8,921	7,261	31,466	31,466	0	0	0	0	0	31,466
January	0	0	0	15,283	0	0	8,921	7,261	31,466	31,466	0	0	0	0	0	31,466
February	0	0	0	13,804	0	0	8,058	6,559	28,421	28,421	0	0	0	0	0	28,421
March	0	0	0	15,283	0	0	8,921	7,261	31,466	31,466	0	0	0	0	0	31,466
April	4,105	1,528	5,633	14,790	0	0	8,633	7,027	30,451	36,084	0	0	0	0	0	36,084
May	99,038	33,930	132,968	15,283	0	0	8,921	7,261	31,466	164,434	0	0	0	0	0	164,434
June	194,326	56,360	250,686	14,790	0	0	8,633	7,027	30,451	281,137	0	0	0	0	0	281,137
July	216,161	62,789	278,950	15,283	0	0	8,921	7,261	31,466	310,416	0	0	0	0	0	310,416
August	157,810	52,063	209,873	15,283	0	0	8,921	7,261	31,466	241,339	0	0	0	0	0	241,339
September	98,324	35,680	134,004	14,790	0	0	8,633	7,027	30,451	164,455	0	0	0	0	0	164,455
Total	807,860	258,677	1,066,537	179,950	0	0	105,036	85,496	370,482	1,437,019	0	0	0	0	0	1,437,019

APPENDIX IE

Water Budget of Guzelyurt Region on Monthly Bases for Year 2011

Guzelyurt	Agricultural Use			Domestic Use						Total	Available Resources						Gr. Water
	Irrigation	Loss.	Total	Live Stock	Hotels	Universities	Houses	Loses	Total	Consumption	Springs	Sanitary	Dams	Hotel Sanitary Water	Desalination	Extraction.
October	2,598,181	527,238	3,125,419	13,997	1,153	6,305	850,256	261,513	1,133,225	4,258,644	0	13,020	0	299	0	5,113,257
November	155,359	56,822	212,181	13,546	1,116	6,101	822,828	253,077	1,096,668	1,308,849	0	10,800	0	248	0	2,135,936
December	0	0	0	13,997	1,153	6,305	850,256	261,513	1,133,225	1,133,225	0	9,300	0	214	0	1,987,923
January	0	0	0	13,997	1,153	6,305	850,256	261,513	1,133,225	1,133,225	0	9,300	0	214	0	1,987,923
February	0	0	0	12,643	1,042	5,695	727,869	224,174	971,422	971,422	0	8,400	0	193	0	1,691,272
March	71,641	13,428	85,069	13,997	1,153	6,305	836,935	257,517	1,115,908	1,200,977	0	11,160	0	257	0	2,038,316
April	2,539,530	469,293	3,008,822	13,546	1,116	6,101	809,937	249,210	1,079,910	4,088,732	0	12,600	0	290	0	4,899,019
May	3,767,342	721,529	4,488,870	13,997	1,153	6,305	836,935	257,517	1,115,908	5,604,778	0	14,880	0	342	0	6,442,031
June	5,205,562	959,673	6,165,235	13,546	1,116	6,101	809,937	249,210	1,079,910	7,245,145	0	16,200	0	373	0	8,055,350
July	6,366,614	1,148,069	7,514,683	13,997	1,153	6,305	805,855	248,193	1,075,503	8,590,186	0	18,600	0	428	0	9,386,949
August	6,097,243	1,137,526	7,234,768	13,997	1,153	6,305	805,855	248,193	1,075,503	8,310,271	0	18,600	0	428	0	9,107,034
September	4,548,671	887,905	5,436,576	13,546	1,116	6,101	779,859	240,186	1,040,808	6,477,384	0	14,400	0	331	0	7,248,528
Total	31,350,142	5,921,481	37,271,623	164,808	13,578	74,230	9,786,780	3,011,819	13,051,215	50,322,838	0	157,260	0	3,617	0	60,093,537

Water Budget of Lefke Region on Monthly Bases, Year 2011

Lefke	Agricultural Use			Domestic Use						Total	Available Resources					Gr. Water
	Irrigation	Loss.	Total	Live Stock	Hotels	Universities	Houses	Loses	Total	Consumption	Springs	Sanitary	Dams	Hotel Sanitary Water	Desalination	Extraction
October	825,282	212,573	1,037,854	5,751	260	9,747	55,897	21,496	93,151	1,131,005	0	0	883,618	0	0	247,387
November	118,855	48,883	167,738	5,565	252	9,433	54,094	20,803	90,147	257,885	0	0	0	0	0	257,885
December	0	0	0	5,751	260	9,747	55,897	21,496	93,151	93,151	0	0	0	0	0	93,151
January	0	0	0	5,751	260	9,747	55,897	21,496	93,151	93,151	0	0	0	0	0	93,151
February	0	0	0	5,194	235	2,935	50,487	17,655	76,507	76,507	0	0	0	0	0	76,507
March	6,635	1,598	8,233	5,751	260	9,747	55,897	21,496	93,151	101,384	0	0	8,233	0	0	93,151
April	623,177	121,453	744,629	5,565	252	9,433	54,094	20,803	90,147	834,776	0	0	599,532	0	0	235,244
May	1,112,572	234,929	1,347,501	5,751	260	9,747	55,897	21,496	93,151	1,440,652	0	0	0	0	0	1,440,652
June	1,605,809	313,676	1,919,485	5,565	252	9,433	54,094	20,803	90,147	2,009,632	0	0	0	0	0	2,009,632
July	1,896,833	351,019	2,247,852	5,751	260	3,249	55,897	19,547	84,704	2,332,556	0	0	0	0	0	2,332,556
August	1,807,295	381,504	2,188,799	5,751	260	3,249	55,897	19,547	84,704	2,273,503	0	0	0	0	0	2,273,503
September	1,417,532	337,821	1,755,353	5,565	252	3,145	54,094	18,917	81,972	1,837,325	0	0	0	0	0	1,837,325
Total	9,413,989	2,003,455	11,417,444	67,713	3,066	89,612	658,138	245,559	1,064,087	12,481,531	0	0	1,491,383	0	0	10,990,148

APPENDIX IG

Summary of Water budget for Nicosia Main Region on Monthly Bases, Year 2011

Nicosia	Agricultural Use			Domestic Use						Total	Available Resources						Gr. Water
Main Region	Irrigation	Loss.	Total	Live Stock	Hotels	Universities	Houses	Loses	Total	Consumption	Springs	Sanitary	Dams	Hotel Sanitary Water	Desalination		Extraction
October	3,496,274	768,798	4,265,072	62,487	6,386	82,654	1,667,246	545,632	2,364,404	6,629,476	1,383	664,020	931,204	299	0		5,688,394
November	282,502	107,951	390,453	60,471	6,180	79,988	1,613,463	528,031	2,288,133	2,678,586	2,456	550,800	10,324	248	0		2,657,626
December	0	0	0	62,487	6,386	82,654	1,667,246	545,632	2,364,404	2,364,404	1,574	474,300	0	214	0		2,354,420
January	0	0	0	62,487	6,386	82,654	1,667,246	545,632	2,364,404	2,364,404	3,055	474,300	0	214	0		2,352,939
February	0	0	0	56,440	5,768	28,682	1,465,795	467,005	2,023,689	2,023,689	1,321	428,400	0	193	0		2,014,772
March	87,376	16,632	104,008	62,487	6,386	69,333	1,653,925	537,639	2,329,770	2,433,778	1,260	569,160	18,939	257	0		2,405,127
April	3,179,637	594,737	3,774,373	60,471	6,180	67,097	1,600,572	520,296	2,254,617	6,028,990	1,296	642,600	614,821	290	0		5,404,652
May	5,073,637	1,012,347	6,085,984	62,487	6,386	69,333	1,653,925	537,639	2,329,770	8,415,754	1,776	758,880	116,645	342	0		8,288,795
June	7,282,251	1,385,731	8,667,982	60,471	6,180	67,097	1,600,572	520,296	2,254,617	10,922,599	1,504	826,200	202,067	373	0		10,710,724
July	8,781,369	1,623,365	10,404,733	62,487	6,386	31,755	1,622,844	517,042	2,240,513	12,645,246	1,301	948,600	172,743	428	0		12,462,578
August	8,237,070	1,610,730	9,847,800	62,487	6,386	31,755	1,622,844	517,042	2,240,513	12,088,313	1,235	948,600	50,959	428	0		12,027,495
September	6,152,059	1,286,031	7,438,090	60,471	6,180	30,730	1,570,494	500,363	2,168,238	9,606,328	1,077	734,400	10,827	331	0		9,586,161
Total	42,572,174	8,406,321	50,978,495	735,732	75,190	723,730	19,406,173	6,282,248	27,223,073	78,201,568	19,238	8,020,260	2,128,529	3,617	0		75,953,685

APPENDIX IH

Water Budget of Famagusta Region A on Monthly Bases, Year 2011

Famagusta A	Agricultural Use			Domestic Use						Total	Available Resources					Gr. Water
	Irrigation	Loss.	Total	Live Stock	Hotels	Universities	Houses	Loses	Total	Consumption	Springs	Sanitary	Dams	Hotel Sanitary Water	Desalination	Extraction
October	43,280	11,087	54,366	7,654	9,616	38,872	307,286	109,029	472,458	526,824	0	65,100	0	2,083	240,250	284,491
November	22,822	4,977	27,799	7,407	9,306	37,618	297,374	105,512	457,218	485,017	0	54,000	0	1,728	232,500	250,789
December	0	0	0	7,654	9,616	38,872	307,286	109,029	472,458	472,458	0	46,500	0	1,488	240,250	230,720
January	0	0	0	7,654	9,616	38,872	307,286	109,029	472,458	472,458	0	46,500	0	1,488	240,250	230,720
February	0	0	0	6,913	8,686	11,695	277,549	91,453	396,297	396,297	0	42,000	0	1,344	217,000	177,953
March	22,706	4,408	27,114	7,654	9,616	38,872	307,286	109,029	472,458	499,572	0	55,800	0	1,786	240,250	257,536
April	55,673	13,730	69,403	7,407	9,306	37,618	297,374	105,512	457,218	526,621	0	63,000	0	2,016	232,500	292,105
May	89,446	23,313	112,758	7,654	9,616	38,872	307,286	109,029	472,458	585,216	0	74,400	0	2,381	240,250	342,585
June	193,429	36,663	230,092	7,407	9,306	37,618	297,374	105,512	457,218	687,310	0	81,000	0	2,592	232,500	452,218
July	206,745	37,056	243,801	7,654	9,616	12,948	307,286	101,252	438,757	682,558	0	93,000	0	2,976	240,250	439,332
August	161,110	31,752	192,861	7,654	9,616	12,948	307,286	101,252	438,757	631,618	0	93,000	0	2,976	240,250	388,392
September	103,241	22,974	126,214	7,407	9,306	12,531	297,374	97,985	424,604	550,818	0	72,000	0	2,304	232,500	316,014
Total	898,450	185,958	1,084,408	90,122	113,223	357,340	3,618,050	1,253,621	5,432,356	6,516,764	0	786,300	0	25,162	2,828,750	3,662,853

APPENDIX Ii

Water Budget of Famagusta Region B on Monthly Bases, Year 2011

Famagusta B	Agricultural Use			Domestic Use						Total	Available Resources					Gr. Water
	Irrigation	Loss.	Total	Live Stock	Hotels	Universities	Houses	Loses	Total	Consumption	Springs	Sanitary	Dams	Hotel Sanitary Water	Desalination	Extraction
October	3,207	683	3,890	7,872	0	0	43,835	15,512	67,219	71,109	0	0	0	0	0	71,109
November	101	43	144	7,618	0	0	42,421	15,012	65,051	65,195	0	0	0	0	0	65,195
December	0	0	0	7,872	0	0	43,835	15,512	67,219	67,219	0	0	0	0	0	67,219
January	0	0	0	7,872	0	0	43,835	15,512	67,219	67,219	0	0	0	0	0	67,219
February	0	0	0	7,110	0	0	39,593	14,011	60,714	60,714	0	0	0	0	0	60,714
March	162	70	231	7,872	0	0	43,835	15,512	67,219	67,450	0	0	0	0	0	67,450
April	2,807	835	3,642	7,618	0	0	42,421	15,012	65,051	68,693	0	0	0	0	0	68,693
May	10,766	2,523	13,289	7,872	0	0	43,835	15,512	67,219	80,508	0	0	0	0	0	80,508
June	22,905	4,438	27,343	7,618	0	0	42,421	15,012	65,051	92,394	0	0	0	0	0	92,394
July	24,794	4,382	29,176	7,872	0	0	43,835	15,512	67,219	96,395	0	0	0	0	0	96,395
August	18,706	3,369	22,075	7,872	0	0	43,835	15,512	67,219	89,294	0	0	0	0	0	89,294
September	9,508	1,816	11,324	7,618	0	0	42,421	15,012	65,051	76,375	0	0	0	0	0	76,375
Total	92,955	18,159	111,114	92,684	0	0	516,122	182,642	791,448	902,562	0	0	0	0	0	902,562

APPENDIX IJ

Water Budget of Akdogan Region on Monthly Bases, Year 2011

Akdogan	Agricultural Use			Domestic Use						Total	Available Resources					Gr. Water
	Irrigation	Loss.	Total	Live Stock	Hotels	Universities	Houses	Loses	Total	Consumption	Springs	Sanitary	Dams	Hotel Sanitary Water	Desalination	Extraction
October	276,128	110,886	387,014	28,595	0	0	44,826	22,026	95,448	482,462	0	0	0	0	0	482,462
November	114,867	45,199	160,066	27,673	0	0	43,380	21,316	92,369	252,435	0	0	0	0	0	252,435
December	0	0	0	28,595	0	0	44,826	22,026	95,448	95,448	0	0	0	0	0	95,448
January	0	0	0	28,595	0	0	44,826	22,026	95,448	95,448	0	0	0	0	0	95,448
February	0	0	0	25,828	0	0	40,488	19,895	86,211	86,211	0	0	0	0	0	86,211
March	21,095	4,576	25,671	28,595	0	0	44,826	22,026	95,448	121,119	0	0	0	0	0	121,119
April	170,583	64,522	235,104	27,673	0	0	43,380	21,316	92,369	327,473	0	0	0	0	0	327,473
May	349,494	138,608	488,102	28,595	0	0	44,826	22,026	95,448	583,550	0	0	0	0	0	583,550
June	244,339	73,651	317,990	27,673	0	0	43,380	21,316	92,369	410,359	0	0	0	0	0	410,359
July	238,786	69,917	308,703	28,595	0	0	44,826	22,026	95,448	404,151	0	0	0	0	0	404,151
August	297,244	105,796	403,040	28,595	0	0	44,826	22,026	95,448	498,488	0	0	0	0	0	498,488
September	334,103	128,705	462,808	27,673	0	0	43,380	21,316	92,369	555,177	0	0	0	0	0	555,177
Total	2,046,639	741,860	2,788,498	336,685	0	0	527,795	259,344	1,123,824	3,912,322	0	0	0	0	0	3,912,322

APPENDIX IK

Water Budget of Yeni Eronkoy Region on Monthly Bases, Year 2011

Y. Eronkoy	Agricultural Use			Domestic Use						Total	Available Resources				Gr. Water
	Irrigation	Loss.	Total	Live Stock	Hotels	Universities	Houses	Loses	Total	Consumption	Springs	Sanitary	Dams	Hotel Sanitary Water	Desalination	Extraction
October	136,025	56,682	192,707	17,046	2,052	0	68,762	26,358	114,218	306,925	0	0	0	174	9,300	297,451
November	65,148	27,921	93,069	16,496	1,986	0	66,544	25,508	110,533	203,602	0	0	0	144	9,000	194,458
December	0	0	0	17,046	2,052	0	68,762	26,358	114,218	114,218	0	0	0	124	9,300	105,094
January	0	0	0	17,046	2,052	0	68,762	26,358	114,218	114,218	0	0	0	124	9,300	104,794
February	0	0	0	15,396	1,854	0	62,108	23,807	103,164	103,164	0	0	0	112	8,400	94,652
March	119	51	170	17,046	2,052	0	68,762	26,358	114,218	114,388	0	0	0	149	9,300	104,939
April	78,986	32,699	111,685	16,496	1,986	0	66,544	25,508	110,533	222,218	0	0	0	168	9,000	213,050
May	216,985	77,515	294,500	17,046	2,052	0	68,762	26,358	114,218	408,718	0	0	0	198	9,300	399,219
June	220,362	41,687	262,049	16,496	1,986	0	66,544	25,508	110,533	372,582	0	0	0	216	9,000	363,366
July	257,362	52,190	309,552	17,046	2,052	0	68,762	26,358	114,218	423,770	0	0	0	248	9,300	414,222
August	266,367	73,359	339,726	17,046	2,052	0	68,762	26,358	114,218	453,944	0	0	0	248	9,300	444,396
September	213,622	73,866	287,488	16,496	1,986	0	66,544	25,508	110,533	398,021	0	0	0	192	9,000	388,829
Total	1,454,976	435,970	1,890,946	200,697	24,163	0	809,618	310,344	1,344,822	3,235,768	0	0	0	2,097	109,500	3,124,471

APPENDIX II.

Water Budget of Mehmetcik Region on Monthly Bases, Year 2011

Mehmetcik	Agricultural Use			Domestic Use						Total	Available Resources						Gr. Water
	Irrigation	Loss.	Total	Live Stock	Hotels	Universities	Houses	Loses	Total	Consumption	Springs	Sanitary	Dams	Hotel Sanitary Water	Desalination		Extraction
October	2,066	592	2,658	9,243	17,422	0	34,133	18,239	79,037	81,695	134	0	2,658	3,381	62,000		13,522
November	916	197	1,113	8,945	16,860	0	33,032	17,651	76,487	77,600	562	0	1,113	2,804	60,000		13,121
December	0	0	0	9,243	17,422	0	34,133	18,239	79,037	79,037	321	0	0	2,415	62,000		14,301
January	0	0	0	9,243	17,422	0	34,133	18,239	79,037	79,037	1,557	0	0	2,415	62,000		13,065
February	0	0	0	8,348	15,736	0	30,829	16,474	71,388	71,388	693	0	0	2,181	56,000		12,514
March	1,016	218	1,234	9,243	17,422	0	34,133	18,239	79,037	80,271	476	0	1,234	2,898	62,000		13,663
April	4,333	1,461	5,793	8,945	16,860	0	33,032	17,651	76,487	82,280	233	0	5,793	3,272	60,000		12,982
May	19,760	4,825	24,585	9,243	17,422	0	34,133	18,239	79,037	103,622	228	0	24,585	3,864	62,000		12,945
June	62,907	11,260	74,167	8,945	16,860	0	33,032	17,651	76,487	150,654	236	0	74,167	4,207	60,000		12,045
July	68,831	12,187	81,018	9,243	17,422	0	34,133	18,239	79,037	160,055	216	0	81,018	4,830	62,000		11,991
August	58,716	10,638	69,353	9,243	17,422	0	34,133	18,239	79,037	148,390	177	0	69,353	4,830	62,000		12,030
September	26,078	4,974	31,052	8,945	16,860	0	33,032	17,651	76,487	107,539	162	0	31,052	3,739	60,000		12,586
Total	244,622	46,351	290,973	108,828	205,130	0	401,884	214,753	930,595	1,221,568	4,995	0	290,973	40,835	730,000		154,765

APPENDIX IM

Water Budget of Yeni Iskele Region on Monthly Bases, Year 2011

| Y. Iskele | Agricultural Use | | | Domestic Use | | | | | | Total | Available Resources | | | | | | Gr. Water |
	Irrigation	Loss.	Total	Live Stock	Hotels	Universities	Houses	Loses	Total	Consumption	Springs	Sanitary	Dams	Hotel Sanitary Water	Desalination	Extraction
October	15,412	3,833	19,245	13,387	4,948	0	77,089	28,627	124,051	143,296	2,391	0	19,207	877	15,500	105,321
November	4,672	1,060	5,731	12,955	4,788	0	74,602	27,704	120,050	125,781	7,404	0	5,620	727	15,000	112,029
December	0	0	0	13,387	4,948	0	77,089	28,627	124,051	124,051	3,694	0	0	626	15,500	104,231
January	0	0	0	13,387	4,948	0	77,089	28,627	124,051	124,051	7,407	0	0	626	15,500	100,518
February	0	0	0	12,092	4,469	0	69,629	25,857	112,046	112,046	3,176	0	0	566	14,000	94,305
March	4,141	731	4,872	13,387	4,948	0	77,089	28,627	124,051	128,923	3,484	0	4,819	751	15,500	104,369
April	9,604	1,705	11,309	12,955	4,788	0	74,602	27,704	120,050	131,359	2,969	0	11,259	848	15,000	101,282
May	30,497	5,421	35,918	13,387	4,948	0	77,089	28,627	124,051	159,969	3,575	0	35,854	1,002	15,500	104,038
June	109,423	19,336	128,759	12,955	4,788	0	74,602	27,704	120,050	248,809	2,908	0	128,703	1,091	15,000	101,107
July	123,081	21,720	144,801	13,387	4,948	0	77,089	28,627	124,051	268,852	2,304	0	97,024	1,252	15,500	152,772
August	111,276	19,940	131,216	13,387	4,948	0	77,089	28,627	124,051	255,267	2,205	0	0	1,252	15,500	236,310
September	59,424	11,553	70,976	12,955	4,788	0	74,602	27,704	120,050	191,026	1,858	0	0	970	15,000	173,198
Total	467,529	85,298	552,827	157,623	58,254	0	907,663	337,062	1,460,602	2,013,429	43,375	0	302,486	10,589	182,500	1,489,479

APPENDIX IN

Water Budget of Gönendere Region on Monthly Bases, Year 2011

Gönendere	Agricultural Use			Domestic Use						Total	Available Resources						Gr. Water
	Irrigation	Loss.	Total	Live Stock	Hotels	Universities	Houses	Loses	Total	Consumption	Springs	Sanitary	Dams	Hotel Sanitary Water	Desalination		Extraction
October	1,499	643	2,142	7,550	0	0	35,892	13,033	56,475	58,617	685	0	2,142	0	0		55,790
November	231	99	330	7,307	0	0	34,735	12,612	54,653	54,983	2,199	0	330	0	0		52,454
December	0	0	0	7,550	0	0	35,892	13,033	56,475	56,475	914	0	0	0	0		55,561
January	0	0	0	7,550	0	0	35,892	13,033	56,475	56,475	2,093	0	0	0	0		54,382
February	0	0	0	6,819	0	0	32,419	11,772	51,010	51,010	901	0	0	0	0		50,109
March	0	0	0	7,550	0	0	35,892	13,033	56,475	56,475	915	0	0	0	0		55,560
April	234	100	334	7,307	0	0	34,735	12,612	54,653	54,987	962	0	334	0	0		53,691
May	10,822	2,146	12,968	7,550	0	0	35,892	13,033	56,475	69,443	1,259	0	12,968	0	0		55,216
June	42,864	7,723	50,587	7,307	0	0	34,735	12,612	54,653	105,240	1,066	0	50,587	0	0		53,587
July	46,957	8,327	55,284	7,550	0	0	35,892	13,033	56,475	111,759	892	0	55,284	0	0		55,583
August	39,868	7,352	47,220	7,550	0	0	35,892	13,033	56,475	103,695	878	0	47,220	0	0		55,597
September	16,402	3,411	19,813	7,307	0	0	34,735	12,612	54,653	74,466	710	0	19,813	0	0		53,943
Total	158,877	29,801	188,678	88,896	0	0	422,604	153,450	664,950	853,628	13,474	0	188,678	0	0		651,476

APPENDIX IO

Water Budget of Geçitkale Region on Monthly Bases, Year 2011

Geçitkale	Agricultural Use			Domestic Use						Total							Gr. Water
														Available Resources			
	Irrigation	Loss.	Total	Live Stock	Hotels	Universities	Houses	Loses	Total	Consumption	Springs	Sanitary	Dams	Hotel Sanitary Water	Desalination	Extraction
October	37,027	11,689	48,716	10,290	0	0	12,526	6,845	29,660	78,376	1,763	0	48,422	0	0	28,191
November	16,512	4,465	20,977	9,958	0	0	12,122	6,624	28,703	49,680	6,397	0	19,617	0	0	23,666
December	0	0	0	10,290	0	0	12,526	6,845	29,660	29,660	2,231	0	0	0	0	27,429
January	0	0	0	10,290	0	0	12,526	6,845	29,660	29,660	5,381	0	0	0	0	24,279
February	0	0	0	9,294	0	0	11,314	6,182	26,790	26,790	2,408	0	0	0	0	24,382
March	11,480	2,026	13,506	10,290	0	0	12,526	6,845	29,660	43,166	3,832	0	0	0	0	39,334
April	28,267	6,794	35,061	9,958	0	0	12,122	6,624	28,703	63,764	1,606	0	0	0	0	62,158
May	43,594	12,759	56,353	10,290	0	0	12,526	6,845	29,660	86,013	1,888	0	0	0	0	84,125
June	85,791	17,098	102,889	9,958	0	0	12,122	6,624	28,703	131,592	991	0	0	0	0	130,601
July	87,495	16,067	103,562	10,290	0	0	12,526	6,845	29,660	133,222	728	0	0	0	0	132,494
August	86,096	18,787	104,883	10,290	0	0	12,526	6,845	29,660	134,543	542	0	0	0	0	134,001
September	63,859	17,317	81,176	9,958	0	0	12,122	6,624	28,703	109,879	373	0	0	0	0	109,506
Total	460,121	107,002	567,123	121,151	0	0	147,482	80,590	349,223	916,346	28,140	0	68,039	0	0	820,167

Summary Water Budget for Famagusta Main Region on Monthly Bases, Year 2011

Famagusta Main Region	Agricultural Use			Domestic Use						Total	Available Resources						Gr. Water
	Irrigation	Loss.	Total	Live Stock	Hotels	Universities	Houses	Loses	Total	Consumption	Springs	Sanitary	Dams	Hotel Sanitary Water	Desalination	Extraction
October	514,644	196,094	710,738	101,636	34,038	38,872	624,350	239,669	1,038,566	1,749,304	4,973	65,100	72,429	6,514	327,050	1,338,337
November	225,269	83,961	309,229	98,358	32,940	37,618	604,210	231,938	1,005,064	1,314,293	16,562	54,000	26,680	5,404	316,500	964,147
December	0	0	0	101,636	34,038	38,872	624,350	239,669	1,038,566	1,038,566	7,160	46,500	0	4,653	327,050	700,003
January	0	0	0	101,636	34,038	38,872	624,350	239,669	1,038,566	1,038,566	16,438	46,500	0	4,653	327,050	690,425
February	0	0	0	91,801	30,744	11,695	563,929	209,451	907,620	907,620	7,178	42,000	0	4,203	295,400	600,839
March	60,719	12,080	72,798	101,636	34,038	38,872	624,350	239,669	1,038,566	1,111,364	8,707	55,800	6,053	5,584	327,050	763,970
April	350,486	121,845	472,331	98,358	32,940	37,618	604,210	231,938	1,005,064	1,477,395	5,770	63,000	17,386	6,304	316,500	1,131,435
May	771,364	267,110	1,038,473	101,636	34,038	38,872	624,350	239,669	1,038,566	2,077,039	6,950	74,400	73,407	7,445	327,050	1,662,187
June	982,020	211,856	1,193,876	98,358	32,940	37,618	604,210	231,938	1,005,064	2,198,940	5,201	81,000	253,457	8,105	316,500	1,615,676
July	1,054,051	221,846	1,275,897	101,636	34,038	12,948	624,350	231,892	1,004,865	2,280,762	4,140	93,000	233,326	9,306	327,050	1,706,940
August	1,039,382	270,992	1,310,374	101,636	34,038	12,948	624,350	231,892	1,004,865	2,315,239	3,802	93,000	116,573	9,306	327,050	1,858,508
September	826,236	264,615	1,090,851	98,358	32,940	12,531	604,210	224,411	972,450	2,063,301	3,103	72,000	50,865	7,205	316,500	1,685,628
Total	5,824,170	1,650,397	7,474,567	1,196,687	400,770	357,340	7,351,218	2,791,805	12,097,820	19,572,387	89,984	786,300	850,176	78,682	3,850,750	14,718,094

APPENDIX IQ

Water Budget of Kyrenia East Region on Monthly Bases, Year 2011

Kyrenia East	Agricultural Use			Domestic Use						Total	Available Resources						Gr. Water
	Irrigation	Loss.	Total	Live Stock	Hotels	Universities	Houses	Loses	Total	Consumption	Springs	Sanitary	Dams	Hotel Sanitary Water	Desalination	Extraction
October	19,552	5,637	25,189	6,095	49,172	21,810	259,958	101,111	438,147	463,336	1,196	65,100	24,185	9,272	151,900	276,782
November	1,738	745	2,483	5,899	47,586	21,107	251,573	97,849	424,014	426,497	3,316	54,000	0	7,691	147,000	268,489
December	0	0	0	6,095	49,172	21,810	259,958	101,111	438,147	438,147	198	46,500	0	6,623	151,900	279,426
January	0	0	0	6,095	49,172	21,810	259,958	101,111	438,147	438,147	449	46,500	0	6,623	151,900	279,175
February	0	0	0	5,505	44,414	6,569	234,801	87,387	378,676	378,676	131	42,000	0	5,982	137,200	235,363
March	111	20	131	6,095	49,172	21,810	259,958	101,111	438,147	438,278	215	55,800	0	7,948	151,900	278,215
April	3,807	1,393	5,199	5,899	47,586	21,107	251,573	97,849	424,014	429,213	1,591	63,000	3,646	8,973	147,000	268,002
May	73,196	15,490	88,686	6,095	49,172	21,810	259,958	101,111	438,147	526,833	1,942	74,400	86,744	10,597	151,900	275,650
June	198,613	38,027	236,640	5,899	47,586	21,107	251,573	97,849	424,014	660,654	1,364	81,000	235,276	11,537	147,000	265,476
July	225,167	41,865	267,032	6,095	49,172	7,273	259,958	96,750	419,249	686,281	1,360	93,000	265,672	13,246	151,900	254,102
August	178,807	34,270	213,077	6,095	49,172	7,273	259,958	96,750	419,249	632,326	1,308	93,000	211,769	13,246	151,900	254,102
September	95,232	19,915	115,147	5,899	47,586	7,038	251,573	93,629	405,725	520,872	1,005	72,000	0	10,255	147,000	362,611
Total	796,223	157,361	953,584	71,766	578,963	200,525	3,060,801	1,173,617	5,085,672	6,039,256	14,075	786,300	827,292	111,995	1,788,500	3,297,393

Water Budget of Kyrenia West Region on Monthly Bases, Year 2011

Kyrenia West	Agricultural Use			Domestic Use						Total	Available Resources						Gr. Water
	Irrigation	Loss.	Total	Live Stock	Hotels	Universities	Houses	Loses	Total	Consumption	Springs	Sanitary	Dams	Hotel Sanitary Water	Desalination	Extraction
October	51,095	9,460	60,555	1,843	28,551	0	168,236	59,589	258,219	318,774	11,460	0	0	2,673	15,500	289,141
November	216	93	309	1,784	27,630	0	162,809	57,667	249,889	250,198	309	0	0	2,218	15,000	232,671
December	0	0	0	1,843	28,551	0	168,236	59,589	258,219	258,219	0	0	0	1,910	15,500	240,809
January	0	0	0	1,843	28,551	0	168,236	59,589	258,219	258,219	0	0	0	1,910	15,500	240,809
February	0	0	0	1,665	25,788	0	151,955	53,822	233,230	233,230	0	0	0	1,725	14,000	217,505
March	0	0	0	1,843	28,551	0	168,236	59,589	258,219	258,219	0	0	0	2,292	15,500	240,427
April	4,297	1,220	5,516	1,784	27,630	0	162,809	57,667	249,889	255,405	5,516	0	0	2,587	15,000	232,302
May	139,477	26,257	165,734	1,843	28,551	0	168,236	59,589	258,219	423,953	27,705	0	0	3,055	15,500	377,693
June	315,081	56,534	371,615	1,784	27,630	0	162,809	57,667	249,889	621,504	19,203	0	0	3,326	15,000	583,975
July	361,668	63,933	425,601	1,843	28,551	0	168,236	59,589	258,219	683,820	18,210	0	0	3,819	15,500	646,291
August	281,220	50,337	331,557	1,843	28,551	0	168,236	59,589	258,219	589,776	16,664	0	0	3,819	15,500	553,793
September	161,300	29,360	190,660	1,784	27,630	0	162,809	57,667	249,889	440,549	11,108	0	0	2,957	15,000	411,484
Total	1,314,354	237,193	1,551,547	21,703	336,165	0	1,980,838	701,612	3,040,318	4,591,865	110,175	0	0	32,291	182,500	4,266,899

APPENDIX 1S

Water Budget of Bogaz Region on Monthly Bases, Year 2011

Bogaz	Agricultural Use			Domestic Use						Total	Available Resources						Gr. Water
	Irrigation	Loss.	Total	Live Stock	Hotels	Universities	Houses	Loses	Total	Consumption	Springs	Sanitary	Dams	Hotel Sanitary Water	Desalination	Extraction
October	0	0	0	10,053	0	0	63,320	22,012	95,385	95,385	127	0	0	0	0	95,258
November	0	0	0	9,729	0	0	61,277	21,302	92,308	92,308	351	0	0	0	0	91,957
December	0	0	0	10,053	0	0	63,320	22,012	95,385	95,385	135	0	0	0	0	95,250
January	0	0	0	10,053	0	0	63,320	22,012	95,385	95,385	332	0	0	0	0	95,053
February	0	0	0	9,081	0	0	57,192	19,882	86,154	86,154	132	0	0	0	0	86,022
March	0	0	0	10,053	0	0	63,320	22,012	95,385	95,385	85	0	0	0	0	95,300
April	0	0	0	9,729	0	0	61,277	21,302	92,308	92,308	34	0	0	0	0	92,274
May	14,938	2,636	17,574	10,053	0	0	63,320	22,012	95,385	112,959	199	0	17,375	0	0	95,385
June	58,312	10,290	68,602	9,729	0	0	61,277	21,302	92,308	160,910	138	0	68,464	0	0	92,308
July	67,721	11,951	79,672	10,053	0	0	63,320	22,012	95,385	175,057	134	0	79,538	0	0	95,385
August	55,272	9,754	65,026	10,053	0	0	63,320	22,012	95,385	160,411	127	0	55,490	0	0	104,794
September	22,050	3,891	25,941	9,729	0	0	61,277	21,302	92,308	118,249	96	0	0	0	0	118,153
Total	218,293	38,522	256,815	118,371	0	0	745,540	259,173	1,123,084	1,379,899	1,890	0	220,867	0	0	1,157,142

APPENDIX IT

Water Budget of Camlibel Region on Monthly Bases, Year 2011

Camlibel	Agricultural Use			Domestic Use							Total	Available Resources					Gr. Water
	Irrigation	Loss.	Total	Live Stock	Hotels	Universities	Houses	Loses	Total	Consumption	Springs	Sanitary	Dams	Hotel Sanitary Water	Desalination	Extraction
October	42,468	12,352	54,820	12,394	0	0	18,801	9,359	40,554	95,374	6,847	0	54,404		0	0	34,123
November	2,864	1,228	4,091	11,994	0	0	18,195	9,057	39,246	43,337	9,659	0	3,502		0	0	30,176
December	0	0	0	12,394	0	0	18,801	9,359	40,554	40,554	27,197	0	0		0	0	13,357
January	0	0	0	12,394	0	0	18,801	9,359	40,554	40,554	11,847	0	0		0	0	28,707
February	0	0	0	11,195	0	0	16,982	8,453	36,629	36,629	9,796	0	0		0	0	26,833
March	0	0	0	12,394	0	0	18,801	9,359	40,554	40,554	11,830	0	0		0	0	28,724
April	16,233	4,512	20,745	11,994	0	0	18,195	9,057	39,246	59,991	14,557	0	19,757		0	0	25,677
May	156,308	34,331	190,639	12,394	0	0	18,801	9,359	40,554	231,193	11,269	0	190,050		0	0	29,874
June	345,871	65,884	411,755	11,994	0	0	18,195	9,057	39,246	451,001	10,559	0	411,266		0	0	29,176
July	385,254	69,034	454,288	12,394	0	0	18,801	9,359	40,554	494,842	10,674	0	268,157		0	0	216,011
August	205,636	43,292	248,928	12,394	0	0	18,801	9,359	40,554	289,482	7,921	0	248,642		0	0	32,919
September	116,162	29,708	145,870	11,994	0	0	18,195	9,057	39,246	185,116	10,144	0	145,532		0	0	29,440
Total	1,270,795	260,341	1,531,136	145,929	0	0	221,372	110,190	477,491	2,008,627	142,300	0	1,341,310		0	0	525,017

APPENDIX IU

Summary of Water Budget for Kyrenia Main Region on Monthly Bases, Year 2011

Kyrenia Main Region	Agricultural Use			Domestic Use						Total	Available Resources						Gr. Water
	Irrigation	Loss.	Total	Live Stock	Hotels	Universities	Houses	Loses	Total	Consumption	Springs	Sanitary	Dams	Hotel Sanitary Water	Desalination	Extraction
October	113,115	27,449	140,564	30,386	77,723	21,810	510,315	192,070	832,305	972,869	19,630	65,100	78,589	11,945	167,400	695,304
November	4,818	2,066	6,883	29,406	75,216	21,107	493,853	185,875	805,457	812,340	13,635	54,000	3,502	9,909	162,000	623,293
December	0	0	0	30,386	77,723	21,810	510,315	192,070	832,305	832,305	27,530	46,500	0	8,533	167,400	628,842
January	0	0	0	30,386	77,723	21,810	510,315	192,070	832,305	832,305	12,628	46,500	0	8,533	167,400	643,744
February	0	0	0	27,445	70,202	6,569	460,930	169,544	734,690	734,690	10,059	42,000	0	7,707	151,200	565,724
March	111	20	131	30,386	77,723	21,810	510,315	192,070	832,305	832,436	12,130	55,800	0	10,240	167,400	642,666
April	24,336	7,124	31,460	29,406	75,216	21,107	493,853	185,875	805,457	836,917	21,698	63,000	23,403	11,560	162,000	618,255
May	383,919	78,714	462,633	30,386	77,723	21,810	510,315	192,070	832,305	1,294,938	41,115	74,400	294,169	13,652	167,400	778,602
June	917,877	170,735	1,088,612	29,406	75,216	21,107	493,853	185,875	805,457	1,894,069	31,264	81,000	715,006	14,863	162,000	970,936
July	1,039,810	186,783	1,226,593	30,386	77,723	7,273	510,315	187,709	813,407	2,040,000	30,378	93,000	613,367	17,065	167,400	1,211,789
August	720,935	137,653	858,588	30,386	77,723	7,273	510,315	187,709	813,407	1,671,995	26,020	93,000	515,901	17,065	167,400	945,608
September	394,744	82,874	477,618	29,406	75,216	7,038	493,853	181,654	787,168	1,264,786	22,353	72,000	145,532	13,212	162,000	921,689
Total	3,599,665	693,417	4,293,082	357,769	915,128	200,525	6,008,551	2,244,592	9,726,565	14,019,647	268,440	786,300	2,389,469	144,286	1,971,000	9,246,451

APPENDIX IIA

Summary of Water Budget of TRNC and its Components on Regional and Monthly Bases, Year 2012

LMR	Agricultural Use			Domestic Use						Total Consumption	Available Resources					Gr. Water Extraction
	Irrigation	Loss.	Total	Live Stock	Hotels	Universities	Houses	Loses	Total		Springs	Sanitary	Dams	Hotel Sanitary Water	Desalination	
C. Nicosia	594,653	106,266	700,919	116,304	58,546	681,434	6,948,894	2,341,553	10,146,731	10,847,650	0	7,863,000	695,814	0	0	5,105
Değirmenlik	1,148,400	245,264	1,393,664	231,899	0	0	2,012,795	673,408	2,918,102	4,311,766	20,725	0	69,826	0	0	4,221,215
Ercan	1,081,301	306,929	1,388,230	340,717	0	0	100,256	132,292	573,265	1,961,495	0	0	0	0	0	1,961,495
Guzelyurt	32,607,036	6,136,255	38,743,291	177,596	13,578	76,388	10,028,502	3,088,819	13,384,883	52,128,174	0	157,260	0	3,617	0	62,171,984
Lefke	13,540,591	2,757,224	16,297,815	73,458	3,066	99,643	665,814	252,594	1,094,575	17,392,390	0	0	3,263,035	0	0	14,129,355
Total	48,971,981	9,551,938	58,523,919	939,974	75,190	857,465	19,756,261	6,488,667	28,117,556	86,641,475	20,725	8,020,260	4,028,675	3,617	0	82,489,154
MMR																
Magusa A	1,948,098	368,314	2,316,412	97,278	113,223	374,885	3,661,294	1,274,004	5,520,684	7,837,096	0	786,300	0	25,162	2,828,750	4,983,184
Magusa B	664,171	251,128	915,299	99,692	0	0	522,082	186,532	808,306	1,723,605	0	0	0	0	0	1,723,605
Akdogan	2,275,422	753,929	3,029,351	360,405	0	0	533,375	268,134	1,161,914	4,191,265	0	0	0	0	0	4,191,265
Y. Eronkoy	1,212,579	327,121	1,539,699	216,319	24,163	0	818,844	317,798	1,377,124	2,916,823	0	0	0	2,097	109,500	2,805,226
Mehmetcik	439,445	80,998	520,443	116,705	205,130	0	406,494	218,499	946,828	1,467,271	6,780	0	520,443	40,836	730,000	174,042
Y. Iskele	604,886	117,134	722,020	169,942	58,254	0	918,113	343,893	1,490,201	2,212,221	47,181	0	71,087	10,588	182,500	1,900,866
Gönendere	167,742	43,839	211,581	96,212	0	0	427,368	157,074	680,654	892,235	14,205	0	211,581	0	0	666,449
Geçitkale	376,723	89,363	466,086	131,028	0	0	148,945	83,992	363,964	830,050	30,231	0	0	0	0	799,819
Total	7,689,065	2,031,826	9,720,891	1,287,581	400,770	374,885	7,436,515	2,849,925	12,349,677	22,070,568	98,397	786,300	803,111	78,683	3,850,750	17,244,457
GMR																
Girne East	1,262,478	240,746	1,503,224	78,751	578,963	224,097	3,097,559	1,193,811	5,173,180	6,676,404	14,250	786,300	600,481	111,993	1,788,500	4,161,180
Gine West	2,512,116	448,706	2,960,822	24,086	336,165	0	2,004,349	709,380	3,073,980	6,034,802	108,742	0	0	32,291	182,500	5,726,769
Bogaz	340,687	60,122	400,808	129,091	0	0	754,165	264,977	1,148,233	1,549,041	2,033	0	137,153	0	0	1,409,855
Camlibel	1,403,367	282,390	1,685,756	160,467	0	0	223,445	115,173	499,085	2,184,841	156,403	0	1,556,784	0	0	471,654
Total	5,518,647	1,031,963	6,550,610	392,395	915,128	224,097	6,079,517	2,283,341	9,894,478	16,445,088	281,428	786,300	2,294,418	144,284	1,971,000	11,769,458
TRNC																
October	4,015,921	959,158	4,975,079	222,516	118,147	163,538	2,849,053	1,005,976	4,359,231	9,334,310	34,184	794,220	568,144	18,759	494,450	8,210,839
November	477,527	178,722	656,248	215,338	114,336	158,262	2,757,148	973,525	4,218,609	4,874,857	34,316	658,800	169,037	15,560	478,500	4,168,782
December	0	0	0	222,516	118,147	163,538	2,849,053	1,005,976	4,359,231	4,359,231	51,022	567,300	0	13,400	494,450	3,791,925
January	0	0	0	222,516	118,147	163,538	2,849,053	1,005,976	4,359,231	4,359,231	44,775	567,300	0	13,400	494,450	3,799,672
February	0	0	0	200,982	106,714	53,148	2,524,524	865,610	3,750,978	3,750,978	19,439	512,400	0	12,103	446,600	3,263,718
March	128,136	25,507	153,643	222,516	118,147	147,325	2,832,841	996,249	4,317,079	4,470,722	16,897	680,760	39,498	16,081	494,450	3,895,862
April	3,644,447	773,571	4,418,018	215,338	114,336	142,572	2,741,459	964,112	4,177,817	8,595,835	24,258	768,600	887,082	18,154	478,500	7,179,179
May	6,873,538	1,546,109	8,419,647	222,516	118,147	147,325	2,832,841	996,249	4,317,079	12,736,726	51,209	907,680	2,070,536	21,439	494,450	10,091,158
June	12,536,907	2,378,553	14,915,460	215,338	114,336	142,572	2,741,459	964,112	4,177,817	19,093,277	33,955	988,200	1,688,964	23,342	478,500	16,859,854
July	14,531,122	2,670,205	17,201,326	222,516	118,147	58,842	2,795,008	958,354	4,152,869	21,354,195	36,060	1,134,600	1,031,502	26,799	494,450	19,761,779
August	12,758,361	2,492,672	15,251,033	222,516	118,147	58,842	2,795,008	958,354	4,152,869	19,403,902	30,274	1,134,600	603,052	26,799	494,450	18,241,393
September	7,213,734	1,591,232	8,804,966	215,338	114,336	56,944	2,704,847	927,440	4,018,905	12,823,871	24,161	878,400	68,389	20,748	478,500	12,238,911
Total	62,179,693	12,615,727	74,795,420	2,619,950	1,391,088	1,456,446	33,272,294	11,621,933	50,361,711	125,157,131	400,550	9,592,860	7,126,204	226,584	5,821,750	111,503,069

Water budget of Central Nicosia Region on Monthly Bases, Year 2012

Central Nicosia Region	Agricultural Use (m3)			Domestic Use (m3)						Total	Available Resources					
region	Irrigation	Loss.	Total	Live Stock	Hotels	Universities	Houses	Loses	Total	Consumption	Springs	Sanitary	Dams	Hotel sanitary water	Desalination	Gr. Water Extraction
October	455	195	650	9,878	4,972	81,062	590,180	205,828	891,920	892,570	0	651,000	650	0	0	0
November	0	0	0	9,559	4,812	78,447	571,142	199,188	863,148	863,148	0	540,000	0	0	0	0
December	0	0	0	9,878	4,972	81,062	590,180	205,828	891,920	891,920	0	465,000	0	0	0	0
January	0	0	0	9,878	4,972	81,062	590,180	205,828	891,920	891,920	0	465,000	0	0	0	0
February	0	0	0	8,922	4,491	24,403	533,066	171,265	742,147	742,147	0	420,000	0	0	0	0
March	0	0	0	9,878	4,972	64,850	590,180	200,964	870,844	870,844	0	558,000	0	0	0	0
April	1,057	259	1,316	9,559	4,812	62,758	571,142	194,481	842,752	844,068	0	630,000	1,316	0	0	0
May	44,768	8,188	52,956	9,878	4,972	64,850	590,180	200,964	870,844	923,800	0	744,000	52,956	0	0	0
June	210,291	37,315	247,606	9,559	4,812	62,758	571,142	194,481	842,752	1,090,358	0	810,000	247,606	0	0	0
July	221,816	39,192	261,008	9,878	4,972	27,018	590,180	189,614	821,662	1,082,670	0	930,000	261,008	0	0	0
August	112,192	20,086	132,278	9,878	4,972	27,018	590,180	189,614	821,662	953,940	0	930,000	132,278	0	0	0
September	4,074	1,031	5,105	9,559	4,812	26,146	571,142	183,498	795,157	800,262	0	720,000	0	0	0	5,105
Total	594,653	106,266	700,919	116,304	58,546	681,434	6,948,894	2,341,553	10,146,731	10,847,650	0	7,863,000	695,814	0	0	5,105

Water Budget of Değirmenlik Region on Monthly Bases, Year 2012

Değirmenlik	Agricultural Use (m3)			Domestic Use (m3)						Total	Available Resources						Gr. Water
	Irrigation	Loss.	Total	Live Stock	Hotels	Universities	Houses	Loses	Total	Consumption	Springs	Sanitary	Dams	Hotel sanitary water	Desalination	Extraction
October	31,687	11,241	42,928	19,696	0	0	170,950	57,194	247,839	290,767	1,936	0	42,928	0	0	245,903
November	8,230	2,035	10,265	19,060	0	0	165,435	55,349	239,844	250,109	2,126	0	10,265	0	0	237,718
December	0	0	0	19,696	0	0	170,950	57,194	247,839	247,839	2,419	0	0	0	0	245,420
January	0	0	0	19,696	0	0	170,950	57,194	247,839	247,839	3,877	0	0	0	0	243,962
February	0	0	0	17,790	0	0	154,406	51,659	223,854	223,854	1,525	0	0	0	0	222,329
March	10,400	1,835	12,235	19,696	0	0	170,950	57,194	247,839	260,074	1,137	0	12,235	0	0	246,702
April	12,198	2,260	14,457	19,060	0	0	165,435	55,349	239,844	254,301	1,078	0	4,398	0	0	248,825
May	67,902	16,864	84,765	19,696	0	0	170,950	57,194	247,839	332,604	2,044	0	0	0	0	330,560
June	308,557	61,406	369,963	19,060	0	0	165,435	55,349	239,844	609,807	1,059	0	0	0	0	608,748
July	348,225	69,627	417,852	19,696	0	0	170,950	57,194	247,839	665,691	1,313	0	0	0	0	664,378
August	280,970	57,805	338,775	19,696	0	0	170,950	57,194	247,839	586,614	1,270	0	0	0	0	585,344
September	80,232	22,192	102,424	19,060	0	0	165,435	55,349	239,844	342,268	941	0	0	0	0	341,327
Total	1,148,400	245,264	1,393,664	231,899	0	0	2,012,795	673,408	2,918,102	4,311,766	20,725	0	69,826	0	0	4,221,215

Water Budget of Ercan Region on Monthly Bases, Year 2012

Ercan	Agricultural Use (m3)			Domestic Use (m3)						Total	Available Resources					Gr. Water
	Irrigation	Loss.	Total	Live Stock	Hotels	Universities	Houses	Loses	Total	Consumption	Springs	Sanitary	Dams	Hotel sanitary water	Desalination	Extraction
October	37,949	16,264	54,213	28,938	0	0	8,515	11,236	48,688	102,901	0	0	0	0	0	102,901
November	147	63	210	28,004	0	0	8,240	10,873	47,118	47,328	0	0	0	0	0	47,328
December	0	0	0	28,938	0	0	8,515	11,236	48,688	48,688	0	0	0	0	0	48,688
January	0	0	0	28,938	0	0	8,515	11,236	48,688	48,688	0	0	0	0	0	48,688
February	0	0	0	26,137	0	0	7,691	10,148	43,976	43,976	0	0	0	0	0	43,976
March	0	0	0	28,938	0	0	8,515	11,236	48,688	48,688	0	0	0	0	0	48,688
April	4,105	1,528	5,633	28,004	0	0	8,240	10,873	47,118	52,751	0	0	0	0	0	52,751
May	107,564	35,434	142,998	28,938	0	0	8,515	11,236	48,688	191,686	0	0	0	0	0	191,686
June	283,240	72,050	355,290	28,004	0	0	8,240	10,873	47,118	402,408	0	0	0	0	0	402,408
July	315,428	80,306	395,734	28,938	0	0	8,515	11,236	48,688	444,422	0	0	0	0	0	444,422
August	234,544	65,604	300,148	28,938	0	0	8,515	11,236	48,688	348,836	0	0	0	0	0	348,836
September	98,324	35,680	134,004	28,004	0	0	8,240	10,873	47,118	181,122	0	0	0	0	0	181,122
Total	1,081,301	306,929	1,388,230	340,717	0	0	100,256	132,292	573,265	1,961,495	0	0	0	0	0	1,961,495

Water Budget of Guzelyurt Region on Monthly Bases, Year 2012

Guzelyurt	Agricultural Use (m3)			Domestic Use (m3)						Total	Available Resources						Gr. Water
	Irrigation	Loss.	Total	Live Stock	Hotels	Universities	Houses	Loses	Total	Consumption	Springs	Sanitary	Dams	Hotel sanitary water		Desalination	Extraction
October	2,493,640	500,612	2,994,252	15,084	1,153	6,488	874,923	269,294	1,166,941	4,161,193	0	13,020	0	299		0	5,044,381
November	118,113	46,152	164,265	14,597	1,116	6,278	846,699	260,607	1,129,298	1,293,563	0	10,800	0	248		0	2,148,301
December	0	0	0	15,084	1,153	6,488	874,923	269,294	1,166,941	1,166,941	0	9,300	0	214		0	2,050,214
January	0	0	0	15,084	1,153	6,488	874,923	269,294	1,166,941	1,166,941	0	9,300	0	214		0	2,050,214
February	0	0	0	13,624	1,042	5,860	741,439	228,589	990,553	990,553	0	8,400	0	193		0	1,724,889
March	27,610	5,462	33,072	15,084	1,153	6,488	858,711	264,430	1,145,865	1,178,937	0	11,160	0	257		0	2,041,091
April	2,466,687	459,248	2,925,934	14,597	1,116	6,278	831,010	255,900	1,108,902	4,034,836	0	12,600	0	290		0	4,869,136
May	3,835,807	745,285	4,581,092	15,084	1,153	6,488	858,711	264,430	1,145,865	5,726,957	0	14,880	0	342		0	6,589,026
June	5,789,998	1,070,039	6,860,037	14,597	1,116	6,278	831,010	255,900	1,108,902	7,968,939	0	16,200	0	373		0	8,803,156
July	6,970,766	1,251,725	8,222,491	15,084	1,153	6,488	820,878	253,081	1,096,683	9,319,174	0	18,600	0	428		0	10,131,975
August	6,474,227	1,198,421	7,672,648	15,084	1,153	6,488	820,878	253,081	1,096,683	8,769,331	0	18,600	0	428		0	9,582,132
September	4,430,188	859,312	5,289,500	14,597	1,116	6,278	794,398	244,917	1,061,307	6,350,807	0	14,400	0	331		0	7,137,471
Total	32,607,036	6,136,255	38,743,291	177,596	13,578	76,388	10,028,502	3,088,819	13,384,883	52,128,174	0	157,260	0	3,617		0	62,171,984

APPENDIX IIF

Water Budget of Lefke Region on Monthly Bases, Year 2012

Lefke	Agricultural Use (m3)			Domestic Use (m3)						Total	Available Resources					Gr. Water
	Irrigation	Loss.	Total	Live Stock	Hotels	Universities	Houses	Loses	Total	Consumption	Springs	Sanitary	Dams	Hotel sanitary water	Desalination	Extraction
October	804,028	203,448	1,007,475	6,239	260	10,838	56,549	22,166	96,052	1,103,527	0	0	426,173	0	0	677,354
November	99,489	40,715	140,204	6,038	252	10,488	54,724	21,451	92,953	233,157	0	0	140,204	0	0	92,953
December	0	0	0	6,239	260	10,838	56,549	22,166	96,052	96,052	0	0	0	0	0	96,052
January	0	0	0	6,239	260	10,838	56,549	22,166	96,052	96,052	0	0	0	0	0	96,052
February	0	0	0	5,635	235	3,263	51,076	18,063	78,272	78,272	0	0	0	0	0	78,272
March	3,863	1,268	5,131	6,239	260	10,838	56,549	22,166	96,052	101,183	0	0	5,131	0	0	96,052
April	658,651	137,590	796,240	6,038	252	10,488	54,724	21,451	92,953	889,193	0	0	796,240	0	0	92,953
May	1,338,130	299,079	1,637,209	6,239	260	10,838	56,549	22,166	96,052	1,733,261	0	0	1,637,209	0	0	96,052
June	2,972,532	567,546	3,540,078	6,038	252	10,488	54,724	21,451	92,953	3,633,031	0	0	258,078	0	0	3,374,953
July	3,353,546	605,616	3,959,162	6,239	260	3,613	56,549	19,998	86,659	4,045,821	0	0	0	0	0	4,045,821
August	2,910,056	571,301	3,481,357	6,239	260	3,613	56,549	19,998	86,659	3,568,016	0	0	0	0	0	3,568,016
September	1,400,297	330,662	1,730,959	6,038	252	3,496	54,724	19,353	83,863	1,814,822	0	0	0	0	0	1,814,822
Total	13,540,591	2,757,224	16,297,815	73,458	3,066	99,643	665,814	252,594	1,094,575	17,392,390	0	0	3,263,035	0	0	14,129,355

APPENDIX IIG

Summary of Water budget for Nicosia Main Region on Monthly Bases, Year 2012

Nicosia Main Region	Agricultural Use (cubic meter)			Domestic Use (cubic meter)						Total	Available Resources						Gr. Water
	Irrigation	Loss.	Total	Live Stock	Hotels	Universities	Houses	Loses	Total	Consumption	Springs	Sanitary	Dams	Hotel sanitary water	Desalination	Extraction
October	3,367,759	731,759	4,099,518	79,833	6,386	98,388	1,701,116	565,717	2,451,441	6,550,959	1,936	664,020	469,751	299	0	6,070,539
November	225,979	88,965	314,944	77,258	6,180	95,214	1,646,241	547,468	2,372,361	2,687,305	2,126	550,800	150,469	248	0	2,526,300
December	0	0	0	79,833	6,386	98,388	1,701,116	565,717	2,451,441	2,451,441	2,419	474,300	0	214	0	2,440,374
January	0	0	0	79,833	6,386	98,388	1,701,116	565,717	2,451,441	2,451,441	3,877	474,300	0	214	0	2,438,916
February	0	0	0	72,108	5,768	33,526	1,487,678	479,724	2,078,803	2,078,803	1,525	428,400	0	193	0	2,069,467
March	41,873	8,565	50,438	79,833	6,386	82,176	1,684,904	555,990	2,409,289	2,459,727	1,137	569,160	17,366	257	0	2,432,533
April	3,142,697	600,884	3,743,580	77,258	6,180	79,525	1,630,552	538,054	2,331,569	6,075,149	1,078	642,600	801,954	290	0	5,263,665
May	5,394,170	1,104,850	6,499,020	79,833	6,386	82,176	1,684,904	555,990	2,409,289	8,908,309	2,044	758,880	1,690,165	342	0	7,207,324
June	9,564,618	1,808,356	11,372,974	77,258	6,180	79,525	1,630,552	538,054	2,331,569	13,704,543	1,059	826,200	505,684	373	0	13,189,265
July	11,209,780	2,046,467	13,256,247	79,833	6,386	37,118	1,647,071	531,123	2,301,532	15,557,779	1,313	948,600	261,008	428	0	15,286,596
August	10,011,989	1,913,217	11,925,206	79,833	6,386	37,118	1,647,071	531,123	2,301,532	14,226,738	1,270	948,600	132,278	428	0	14,084,328
September	6,013,115	1,248,877	7,261,992	77,258	6,180	35,921	1,593,940	513,990	2,227,289	9,489,281	941	734,400	0	331	0	9,479,847
Total	48,971,981	9,551,938	58,523,919	939,974	75,190	857,465	19,756,261	6,488,667	28,117,556	86,641,475	20,725	8,020,260	4,028,675	3,617	0	82,489,154

APPENDIX IIH

Water Budget of Famagusta Region A on Monthly Bases, Year 2012

Famagusta A	Agricultural Use (m3)			Domestic Use (m3)						Total	Available Resources					Gr. Water
	Irrigation	Loss.	Total	Live Stock	Hotels	Universities	Houses	Loses	Total	Consumption	Springs	Sanitary	Dams	Hotel sanitary water	Desalination	Extraction
October	64,099	15,588	79,686	8,262	9,616	40,777	310,959	110,884	480,499	560,185	0	65,100	0	2,083	240,250	317,852
November	33,406	6,668	40,073	7,995	9,306	39,462	300,928	107,307	464,999	505,072	0	54,000	0	1,728	232,500	270,844
December	0	0	0	8,262	9,616	40,777	310,959	110,884	480,499	480,499	0	46,500	0	1,488	240,250	238,761
January	0	0	0	8,262	9,616	40,777	310,959	110,884	480,499	480,499	0	46,500	0	1,488	240,250	238,761
February	0	0	0	7,462	8,686	12,277	280,866	92,787	402,079	402,079	0	42,000	0	1,344	217,000	183,735
March	35,868	6,897	42,764	8,262	9,616	40,777	310,959	110,884	480,499	523,263	0	55,800	0	1,786	240,250	281,227
April	69,741	14,206	83,946	7,995	9,306	39,462	300,928	107,307	464,999	548,945	0	63,000	0	2,016	232,500	314,429
May	159,986	31,183	191,168	8,262	9,616	40,777	310,959	110,884	480,499	671,667	0	74,400	0	2,381	240,250	429,036
June	473,779	86,383	560,162	7,995	9,306	39,462	300,928	107,307	464,999	1,025,161	0	81,000	0	2,592	232,500	790,069
July	547,987	98,712	646,699	8,262	9,616	13,592	310,959	102,729	445,159	1,091,858	0	93,000	0	2,976	240,250	848,632
August	442,473	81,889	524,361	8,262	9,616	13,592	310,959	102,729	445,159	969,520	0	93,000	0	2,976	240,250	726,294
September	120,762	26,791	147,553	7,995	9,306	13,154	300,928	99,415	430,799	578,352	0	72,000	0	2,304	232,500	343,548
Total	1,948,098	368,314	2,316,412	97,278	113,223	374,885	3,661,294	1,274,004	5,520,684	7,837,096	0	786,300	0	25,162	2,828,750	4,983,184

APPENDIX IIi

Water Budget of Famagusta Region B on Monthly Bases, Year 2012

Famagusta B	Agricultural Use (m3)			Domestic Use (m3)						Total	Available Resources					Gr. Water
	Irrigation	Loss.	Total	Live Stock	Hotels	Universities	Houses	Loses	Total	Consumption	Springs	Sanitary	Dams	Hotel sanitary water	Desalination	Extraction
October	152,770	64,781	217,551	8,467	0	0	44,341	15,842	68,651	286,202	0	0	0	0	0	286,202
November	79,834	34,215	114,049	8,194	0	0	42,911	15,331	66,436	180,485	0	0	0	0	0	180,485
December	0	0	0	8,467	0	0	44,341	15,842	68,651	68,651	0	0	0	0	0	68,651
January	0	0	0	8,467	0	0	44,341	15,842	68,651	68,651	0	0	0	0	0	68,651
February	0	0	0	7,648	0	0	40,050	14,309	62,007	62,007	0	0	0	0	0	62,007
March	85	37	121	8,467	0	0	44,341	15,842	68,651	68,772	0	0	0	0	0	68,772
April	1,783	421	2,203	8,194	0	0	42,911	15,331	66,436	68,639	0	0	0	0	0	68,639
May	13,059	2,510	15,569	8,467	0	0	44,341	15,842	68,651	84,220	0	0	0	0	0	84,220
June	35,269	6,361	41,630	8,194	0	0	42,911	15,331	66,436	108,066	0	0	0	0	0	108,066
July	71,197	20,235	91,432	8,467	0	0	44,341	15,842	68,651	160,083	0	0	0	0	0	160,083
August	144,069	53,640	197,709	8,467	0	0	44,341	15,842	68,651	266,360	0	0	0	0	0	266,360
September	166,106	68,929	235,035	8,194	0	0	42,911	15,331	66,436	301,471	0	0	0	0	0	301,471
Total	664,171	251,128	915,299	99,692	0	0	522,082	186,532	808,306	1,723,605	0	0	0	0	0	1,723,605

APPENDIX IIJ

Water Budget of Akdogan Region on Monthly Bases, Year 2012

Akdogan	Agricultural Use (m3)			Domestic Use (m3)						Total	Available Resources					Gr. Water
	Irrigation	Loss.	Total	Live Stock	Hotels	Universities	Houses	Loses	Total	Consumption	Springs	Sanitary	Dams	Hotel sanitary water	Desalination	Extraction
October	234,659	91,950	326,609	30,610	0	0	45,300	22,773	98,683	425,292	0	0	0	0	0	425,292
November	93,228	35,571	128,799	29,622	0	0	43,839	22,038	95,500	224,299	0	0	0	0	0	224,299
December	0	0	0	30,610	0	0	45,300	22,773	98,683	98,683	0	0	0	0	0	98,683
January	0	0	0	30,610	0	0	45,300	22,773	98,683	98,683	0	0	0	0	0	98,683
February	0	0	0	27,647	0	0	40,916	20,569	89,133	89,133	0	0	0	0	0	89,133
March	22,556	4,809	27,364	30,610	0	0	45,300	22,773	98,683	126,047	0	0	0	0	0	126,047
April	201,592	76,798	278,389	29,622	0	0	43,839	22,038	95,500	373,889	0	0	0	0	0	373,889
May	427,227	164,978	592,205	30,610	0	0	45,300	22,773	98,683	690,888	0	0	0	0	0	690,888
June	321,655	84,536	406,191	29,622	0	0	43,839	22,038	95,500	501,691	0	0	0	0	0	501,691
July	326,722	80,643	407,365	30,610	0	0	45,300	22,773	98,683	506,048	0	0	0	0	0	506,048
August	353,900	105,658	459,558	30,610	0	0	45,300	22,773	98,683	558,241	0	0	0	0	0	558,241
September	293,884	108,987	402,871	29,622	0	0	43,839	22,038	95,500	498,371	0	0	0	0	0	498,371
Total	2,275,422	753,929	3,029,351	360,405	0	0	533,375	268,134	1,161,914	4,191,265	0	0	0	0	0	4,191,265

APPENDIX IIK

Water Budget of Yeni Eronkoy Region on Monthly Bases, Year 2012

Y. Eronkoy	Agricultural Use (m3)			Domestic Use (m3)						Total	Available Resources					Gr. Water
	Irrigation	Loss.	Total	Live Stock	Hotels	Universities	Houses	Loses	Total	Consumption	Springs	Sanitary	Dams	Hotel sanitary water	Desalination	Extraction
October	20,940	7,275	28,215	18,372	2,052	0	69,546	26,991	116,961	145,176	0	0	0	174	9,300	135,702
November	2,171	930	3,101	17,780	1,986	0	67,302	26,120	113,188	116,289	0	0	0	144	9,000	107,145
December	0	0	0	18,372	2,052	0	69,546	26,991	116,961	116,961	0	0	0	124	9,300	107,537
January	0	0	0	18,372	2,052	0	69,546	26,991	116,961	116,961	0	0	0	124	9,300	107,537
February	0	0	0	16,594	1,854	0	62,815	24,379	105,642	105,642	0	0	0	112	8,400	97,130
March	476	204	680	18,372	2,052	0	69,546	26,991	116,961	117,641	0	0	0	149	9,300	108,192
April	131,003	54,901	185,903	17,780	1,986	0	67,302	26,120	113,188	299,091	0	0	0	168	9,000	289,923
May	320,702	121,410	442,112	18,372	2,052	0	69,546	26,991	116,961	559,073	0	0	0	198	9,300	549,575
June	227,875	43,919	271,794	17,780	1,986	0	67,302	26,120	113,188	384,982	0	0	0	216	9,000	375,766
July	241,582	43,054	284,636	18,372	2,052	0	69,546	26,991	116,961	401,597	0	0	0	248	9,300	392,049
August	179,413	34,827	214,240	18,372	2,052	0	69,546	26,991	116,961	331,201	0	0	0	248	9,300	321,653
September	88,417	20,601	109,018	17,780	1,986	0	67,302	26,120	113,188	222,206	0	0	0	192	9,000	213,014
Total	1,212,579	327,121	1,539,699	216,319	24,163	0	818,844	317,798	1,377,124	2,916,823	0	0	0	2,097	109,500	2,805,226

Water Budget of Mehmetcik Region on Monthly Bases, Year 2012

| Mehmetcik | Agricultural Use (m3) | | | Domestic Use (m3) | | | | | | Total | Available Resources | | | | | Gr. Water |
				Live Stock	Hotels	Universities	Houses	Loses	Total	Consumption	Springs	Sanitary	Dams	Hotel sanitary water	Desalination	Extraction
	Irrigation	Loss.	Total													
October	2,679	760	3,439	9,912	17,422	0	34,524	18,557	80,416	83,855	157	0	3,439	3,381	62,000	14,878
November	1,247	273	1,520	9,592	16,860	0	33,410	17,959	77,822	79,342	560	0	1,520	2,804	60,000	14,458
December	0	0	0	9,912	17,422	0	34,524	18,557	80,416	80,416	277	0	0	2,415	62,000	15,724
January	0	0	0	9,912	17,422	0	34,524	18,557	80,416	80,416	3,352	0	0	2,415	62,000	12,649
February	0	0	0	8,953	15,736	0	31,183	16,762	72,633	72,633	849	0	0	2,181	56,000	13,603
March	1,536	369	1,904	9,912	17,422	0	34,524	18,557	80,416	82,320	418	0	1,904	2,898	62,000	15,100
April	4,943	1,597	6,539	9,592	16,860	0	33,410	17,959	77,822	84,361	203	0	6,539	3,272	60,000	14,347
May	36,137	7,554	43,691	9,912	17,422	0	34,524	18,557	80,416	124,107	249	0	43,691	3,864	62,000	14,303
June	118,727	21,164	139,891	9,592	16,860	0	33,410	17,959	77,822	217,713	218	0	139,891	4,207	60,000	13,397
July	135,285	23,928	159,213	9,912	17,422	0	34,524	18,557	80,416	239,629	220	0	159,213	4,830	62,000	18,196
August	111,888	20,108	131,996	9,912	17,422	0	34,524	18,557	80,416	212,412	179	0	131,996	4,830	62,000	13,407
September	27,004	5,246	32,250	9,592	16,860	0	33,410	17,959	77,822	110,072	98	0	32,250	3,739	60,000	13,985
Total	439,445	80,998	520,443	116,705	205,130	0	406,494	218,499	946,828	1,467,271	6,780	0	520,443	40,836	730,000	174,042

APPENDIX IIM

Water Budget of Yeni Iskele Region on Monthly Bases, Year 2012

Y. Iskele	Agricultural Use (m3)			Domestic Use (m3)						Total	Available Resources						Gr. Water
	Irrigation	Loss.	Total	Live Stock	Hotels	Universities	Houses	Loses	Total	Consumption	Springs	Sanitary	Dams	Hotel sanitary water	Desalination	Extraction
October	34,087	7,666	41,753	14,433	4,948	0	77,977	29,207	126,565	168,318	2,994	0	0	877	15,500	148,947
November	16,630	3,284	19,914	13,968	4,788	0	75,461	28,265	122,482	142,396	5,748	0	4,011	727	15,000	116,911
December	0	0	0	14,433	4,948	0	77,977	29,207	126,565	126,565	5,393	0	0	626	15,500	105,046
January	0	0	0	14,433	4,948	0	77,977	29,207	126,565	126,565	10,727	0	0	626	15,500	99,712
February	0	0	0	13,037	4,469	0	70,431	26,381	114,317	114,317	3,894	0	0	566	14,000	95,857
March	17,172	3,101	20,273	14,433	4,948	0	77,977	29,207	126,565	146,838	2,918	0	20,228	751	15,500	107,441
April	38,429	8,458	46,886	13,968	4,788	0	75,461	28,265	122,482	169,368	2,256	0	46,848	848	15,000	104,416
May	44,704	11,272	55,976	14,433	4,948	0	77,977	29,207	126,565	182,541	4,751	0	0	1,002	15,500	161,288
June	116,197	21,736	137,933	13,968	4,788	0	75,461	28,265	122,482	260,415	2,421	0	0	1,091	15,000	241,903
July	123,602	21,812	145,414	14,433	4,948	0	77,977	29,207	126,565	271,979	2,324	0	0	1,252	15,500	252,903
August	133,578	24,022	157,600	14,433	4,948	0	77,977	29,207	126,565	284,165	2,220	0	0	1,252	15,500	265,193
September	80,487	15,784	96,271	13,968	4,788	0	75,461	28,265	122,482	218,753	1,535	0	0	970	15,000	201,248
Total	604,886	117,134	722,020	169,942	58,254	0	918,113	343,893	1,490,201	2,212,221	47,181	0	71,087	10,588	182,500	1,900,866

APPENDIX IIN

Water Budget of Gönendere Region on Monthly Bases, Year 2012

Gönendere	Agricultural Use (m3)			Domestic Use (m3)							Total	Available Resources						Gr. Water
	Irrigation	Loss.	Total	Live Stock	Hotels	Universities	Houses	Loses	Total		Consumption	Springs	Sanitary	Dams	Hotel sanitary water		Desalination	Extraction
October	15,563	6,670	22,233	8,171	0	0	36,297	13,341	57,809		80,042	903	0	22,233	0		0	56,906
November	7,707	3,303	11,010	7,908	0	0	35,126	12,910	55,944		66,954	1,696	0	11,010	0		0	54,248
December	0	0	0	8,171	0	0	36,297	13,341	57,809		57,809	1,354	0	0	0		0	56,455
January	0	0	0	8,171	0	0	36,297	13,341	57,809		57,809	2,989	0	0	0		0	54,820
February	0	0	0	7,381	0	0	32,784	12,050	52,215		52,215	1,072	0	0	0		0	51,143
March	0	0	0	8,171	0	0	36,297	13,341	57,809		57,809	805	0	0	0		0	57,004
April	234	100	334	7,908	0	0	35,126	12,910	55,944		56,278	703	0	334	0		0	55,241
May	8,350	1,709	10,059	8,171	0	0	36,297	13,341	57,809		67,868	1,479	0	10,059	0		0	56,330
June	31,906	5,789	37,695	7,908	0	0	35,126	12,910	55,944		93,639	830	0	37,695	0		0	55,114
July	37,472	7,368	44,840	8,171	0	0	36,297	13,341	57,809		102,649	894	0	44,840	0		0	56,915
August	39,378	9,893	49,271	8,171	0	0	36,297	13,341	57,809		107,080	888	0	49,271	0		0	56,921
September	27,132	9,007	36,139	7,908	0	0	35,126	12,910	55,944		92,083	592	0	36,139	0		0	55,352
Total	167,742	43,839	211,581	96,212	0	0	427,368	157,074	680,654		892,235	14,205	0	211,581	0		0	666,449

APPENDIX IIO

Water Budget of Geçitkale Region on Monthly Bases, Year 2012

Geçitkale	Agricultural Use (m3)			Domestic Use (m3)						Total	Available Resources						Gr. Water
	Irrigation	Loss.	Total	Live Stock	Hotels	Universities	Houses	Loses	Total	Consumption	Springs	Sanitary	Dams	Hotel sanitary water	Desalination	Extraction
October	26,829	8,366	35,195	11,128	0	0	12,650	7,134	30,912	66,107	2,322	0	0	0	0	63,785
November	12,603	3,489	16,092	10,769	0	0	12,242	6,903	29,915	46,007	4,933	0	0	0	0	41,074
December	0	0	0	11,128	0	0	12,650	7,134	30,912	30,912	3,308	0	0	0	0	27,604
January	0	0	0	11,128	0	0	12,650	7,134	30,912	30,912	7,683	0	0	0	0	23,229
February	0	0	0	10,051	0	0	11,426	6,443	27,921	27,921	2,862	0	0	0	0	25,059
March	8,461	1,507	9,968	11,128	0	0	12,650	7,134	30,912	40,880	3,371	0	0	0	0	37,509
April	26,599	7,368	33,966	10,769	0	0	12,242	6,903	29,915	63,881	1,174	0	0	0	0	62,707
May	46,918	14,479	61,397	11,128	0	0	12,650	7,134	30,912	92,309	2,219	0	0	0	0	90,090
June	74,473	14,527	89,000	10,769	0	0	12,242	6,903	29,915	118,915	771	0	0	0	0	118,144
July	75,552	13,891	89,443	11,128	0	0	12,650	7,134	30,912	120,355	731	0	0	0	0	119,624
August	61,053	13,597	74,649	11,128	0	0	12,650	7,134	30,912	105,561	547	0	0	0	0	105,014
September	44,236	12,140	56,376	10,769	0	0	12,242	6,903	29,915	86,291	310	0	0	0	0	85,981
Total	376,723	89,363	466,086	131,028	0	0	148,945	83,992	363,964	830,050	30,231	0	0	0	0	799,819

APPENDIX IIP

Summary Water Budget for Famagusta Main Region on Monthly Bases, Year 2012

Famagusta Main Region	Agricultural Use (m3)			Domestic Use (m3)						Total	Available Resources					Gr. Water
	Irrigation	Loss.	Total	Live Stock	Hotels	Universities	Houses	Loses	Total	Consumption	Springs	Sanitary	Dams	Hotel sanitary water	Desalination	Extraction
October	551,626	203,056	754,681	109,356	34,038	40,777	631,594	244,730	1,060,495	1,815,176	6,376	65,100	25,672	6,515	327,050	1,449,563
November	246,826	87,733	334,558	105,829	32,940	39,462	611,220	236,835	1,026,286	1,360,844	12,937	54,000	16,541	5,403	316,500	1,009,463
December	0	0	0	109,356	34,038	40,777	631,594	244,730	1,060,495	1,060,495	10,332	46,500	0	4,653	327,050	718,460
January	0	0	0	109,356	34,038	40,777	631,594	244,730	1,060,495	1,060,495	24,751	46,500	0	4,653	327,050	704,041
February	0	0	0	98,773	30,744	12,277	570,472	213,680	925,947	925,947	8,677	42,000	0	4,203	295,400	617,667
March	86,152	16,922	103,074	109,356	34,038	40,777	631,594	244,730	1,060,495	1,163,569	7,512	55,800	22,132	5,584	327,050	801,291
April	474,321	163,846	638,166	105,829	32,940	39,462	611,220	236,835	1,026,286	1,664,452	4,336	63,000	53,721	6,304	316,500	1,283,591
May	1,057,083	355,095	1,412,177	109,356	34,038	40,777	631,594	244,730	1,060,495	2,472,672	8,698	74,400	53,750	7,445	327,050	2,075,729
June	1,399,881	284,415	1,684,296	105,829	32,940	39,462	611,220	236,835	1,026,286	2,710,582	4,240	81,000	177,586	8,106	316,500	2,204,150
July	1,559,399	309,643	1,869,042	109,356	34,038	13,592	631,594	236,574	1,025,155	2,894,197	4,169	93,000	204,053	9,306	327,050	2,354,449
August	1,465,751	343,633	1,809,384	109,356	34,038	13,592	631,594	236,574	1,025,155	2,834,539	3,834	93,000	181,267	9,306	327,050	2,313,082
September	848,028	267,485	1,115,513	105,829	32,940	13,154	611,220	228,943	992,086	2,107,599	2,535	72,000	68,389	7,205	316,500	1,712,970
Total	7,689,065	2,031,826	9,720,891	1,287,581	400,770	374,885	7,436,515	2,849,925	12,349,677	22,070,568	98,397	786,300	803,111	78,683	3,850,750	17,244,457

APPENDIX IIQ

Water Budget of Kyrenia East Region on Monthly Bases, Year 2012

Kyrenia	Agricultural Use (m3)			Domestic Use (m3)						Total	Available Resources					Gr. Water
East	Irrigation	Loss.	Total	Live Stock	Hotels	Universities	Houses	Loses	Total	Consumption	Springs	Sanitary	Dams	Hotel sanitary water	Desalination	Extraction
October	20,054	6,032	26,086	6,688	49,172	24,372	263,080	102,994	446,307	472,393	1,576	65,100	24,763	9,272	151,900	284,882
November	2,048	878	2,925	6,473	47,586	23,586	254,594	99,672	431,910	434,835	3,567	54,000	0	7,691	147,000	276,577
December	0	0	0	6,688	49,172	24,372	263,080	102,994	446,307	446,307	298	46,500	0	6,623	151,900	287,486
January	0	0	0	6,688	49,172	24,372	263,080	102,994	446,307	446,307	622	46,500	0	6,623	151,900	287,162
February	0	0	0	6,041	44,414	7,345	237,621	88,626	384,046	384,046	167	42,000	0	5,982	137,200	240,697
March	111	20	131	6,688	49,172	24,372	263,080	102,994	446,307	446,438	207	55,800	0	7,948	151,900	286,383
April	4,649	1,725	6,374	6,473	47,586	23,586	254,594	99,672	431,910	438,284	1,072	63,000	5,328	8,973	147,000	275,911
May	88,788	18,557	107,345	6,688	49,172	24,372	263,080	102,994	446,307	553,652	1,993	74,400	105,352	10,597	151,900	283,810
June	351,670	65,274	416,944	6,473	47,586	23,586	254,594	99,672	431,910	848,854	1,191	81,000	415,753	11,537	147,000	273,373
July	394,521	71,689	466,210	6,688	49,172	8,132	263,080	98,122	425,194	891,404	1,365	93,000	49,285	13,246	151,900	675,608
August	306,655	56,700	363,355	6,688	49,172	8,132	263,080	98,122	425,194	788,549	1,325	93,000	0	13,246	151,900	622,078
September	93,983	19,871	113,854	6,473	47,586	7,869	254,594	94,957	411,478	525,332	867	72,000	0	10,255	147,000	367,210
Total	1,262,478	240,746	1,503,224	78,751	578,963	224,097	3,097,559	1,193,811	5,173,180	6,676,404	14,250	786,300	600,481	111,993	1,788,500	4,161,180

APPENDIX IIR

Water Budget of Kyrenia West Region on Monthly Bases, Year 2012

| Kyrenia | Agricultural Use (m3) | | | Domestic Use (m3) | | | | | | Total | Available Resources | | | | | | Gr. Water |
West	Irrigation	Loss.	Total	Live Stock	Hotels	Universities	Houses	Loses	Total	Consumption	Springs	Sanitary	Dams	Hotel sanitary water	Desalination	Extraction
October	38,651	7,637	46,288	2,046	28,551	0	170,232	60,249	261,078	307,366	15,094	0	0	2,673	15,500	274,599
November	638	274	911	1,980	27,630	0	164,741	58,305	252,656	253,567	911	0	0	2,218	15,000	234,938
December	0	0	0	2,046	28,551	0	170,232	60,249	261,078	261,078	0	0	0	1,910	15,500	243,668
January	0	0	0	2,046	28,551	0	170,232	60,249	261,078	261,078	0	0	0	1,910	15,500	245,168
February	0	0	0	1,848	25,788	0	153,758	54,418	235,812	235,812	0	0	0	1,725	14,000	218,587
March	0	0	0	2,046	28,551	0	170,232	60,249	261,078	261,078	0	0	0	2,292	15,500	243,786
April	2,176	629	2,805	1,980	27,630	0	164,741	58,305	252,656	255,461	2,805	0	0	2,587	15,000	234,569
May	151,345	27,776	179,121	2,046	28,551	0	170,232	60,249	261,078	440,199	28,436	0	0	3,055	15,500	393,708
June	722,452	128,254	850,706	1,980	27,630	0	164,741	58,305	252,656	1,103,362	16,763	0	0	3,326	15,000	1,067,773
July	816,190	144,156	960,346	2,046	28,551	0	170,232	60,249	261,078	1,221,424	18,269	0	0	3,819	15,500	1,183,836
August	643,487	114,447	757,934	2,046	28,551	0	170,232	60,249	261,078	1,019,012	16,877	0	0	3,819	15,500	983,316
September	137,178	25,533	162,711	1,980	27,630	0	164,741	58,305	252,656	415,367	9,587	0	0	2,957	15,000	402,823
Total	2,512,116	448,706	2,960,822	24,086	336,165	0	2,004,349	709,380	3,073,980	6,034,802	108,742	0	0	32,291	182,500	5,726,769

APPENDIX IIS

Water Budget of Bogaz Region on Monthly Bases, Year 2012

Bogaz	Agricultural Use (m3)			Domestic Use (m3)						Total	Available Resources						Gr. Water
	Irrigation	Loss.	Total	Live Stock	Hotels	Universities	Houses	Loses	Total	Consumption	Springs	Sanitary	Dams	Hotel sanitary water	Desalination	Extraction
October	0	0	0	10,964	0	0	64,052	22,505	97,521	97,521	184	0	0	0	0	97,337
November	0	0	0	10,610	0	0	61,986	21,779	94,375	94,375	298	0	0	0	0	94,077
December	0	0	0	10,964	0	0	64,052	22,505	97,521	97,521	211	0	0	0	0	97,310
January	0	0	0	10,964	0	0	64,052	22,505	97,521	97,521	413	0	0	0	0	97,108
February	0	0	0	9,903	0	0	57,854	20,327	88,084	88,084	164	0	0	0	0	87,920
March	0	0	0	10,964	0	0	64,052	22,505	97,521	97,521	75	0	0	0	0	97,446
April	0	0	0	10,610	0	0	61,986	21,779	94,375	94,375	26	0	0	0	0	94,349
May	18,793	3,316	22,109	10,964	0	0	64,052	22,505	97,521	119,630	201	0	21,908	0	0	97,521
June	98,050	17,303	115,353	10,610	0	0	61,986	21,779	94,375	209,728	108	0	115,245	0	0	94,375
July	112,099	19,783	131,881	10,964	0	0	64,052	22,505	97,521	229,402	135	0	0	0	0	229,267
August	89,590	15,810	105,400	10,964	0	0	64,052	22,505	97,521	202,921	131	0	0	0	0	202,790
September	22,155	3,910	26,065	10,610	0	0	61,986	21,779	94,375	120,440	87	0	0	0	0	120,353
Total	340,687	60,122	400,808	129,091	0	0	754,165	264,977	1,148,233	1,549,041	2,033	0	137,153	0	0	1,409,855

APPENDIX IIT

Water Budget of Camlibel Region on Monthly Bases, Year 2012

Camlibel	Agricultural Use (m3)			Domestic Use (m3)						Total			Available Resources			Gr. Water
	Irrigation	Loss.	Total	Live Stock	Hotels	Universities	Houses	Loses	Total	Consumption	Springs	Sanitary	Dams	Hotel sanitary water	Desalination	Extraction
October	37,832	10,674	48,506	13,629	0	0	18,978	9,782	42,388	90,894	9,018	0	47,958	0	0	33,918
November	2,037	873	2,910	13,189	0	0	18,365	9,466	41,021	43,931	14,477	0	2,027	0	0	27,427
December	0	0	0	13,629	0	0	18,978	9,782	42,388	42,388	37,762	0	0	0	0	4,626
January	0	0	0	13,629	0	0	18,978	9,782	42,388	42,388	15,112	0	0	0	0	27,276
February	0	0	0	12,310	0	0	17,141	8,835	38,286	38,286	8,906	0	0	0	0	29,380
March	0	0	0	13,629	0	0	18,978	9,782	42,388	42,388	7,966	0	0	0	0	34,422
April	20,605	6,488	27,093	13,189	0	0	18,365	9,466	41,021	68,114	14,941	0	26,079	0	0	27,094
May	163,360	36,515	199,875	13,629	0	0	18,978	9,782	42,388	242,263	9,837	0	199,361	0	0	33,065
June	400,236	74,951	475,187	13,189	0	0	18,365	9,466	41,021	516,208	10,594	0	474,696	0	0	30,918
July	439,133	78,467	517,600	13,629	0	0	18,978	9,782	42,388	559,988	10,809	0	517,156	0	0	32,023
August	240,889	48,865	289,754	13,629	0	0	18,978	9,782	42,388	332,142	6,837	0	289,507	0	0	35,798
September	99,275	25,556	124,831	13,189	0	0	18,365	9,466	41,021	165,852	10,144	0	0	0	0	155,708
Total	1,403,367	282,390	1,685,756	160,467	0	0	223,445	115,173	499,085	2,184,841	156,403	0	1,556,784		0	0	471,654

APPENDIX IIU

Summary of Water Budget for Kyrenia Main Region on Monthly Bases, Year 2012

Kyrenia Main Region	Agricultural Use (m3)			Domestic Use (m3)						Total	Available Resources					Gr. Water
	Irrigation	Loss.	Total	Live Stock	Hotels	Universities	Houses	Loses	Total	Consumption	Springs	Sanitary	Dams	Hotel sanitary water	Desalination	Extraction
October	96,536	24,344	120,880	33,327	77,723	24,372	516,343	195,529	847,294	968,174	25,872	65,100	72,721	11,945	167,400	690,736
November	4,722	2,024	6,746	32,252	75,216	23,586	499,686	189,222	819,962	826,708	19,253	54,000	2,027	9,909	162,000	633,019
December	0	0	0	33,327	77,723	24,372	516,343	195,529	847,294	847,294	38,271	46,500	0	8,533	167,400	633,090
January	0	0	0	33,327	77,723	24,372	516,343	195,529	847,294	847,294	16,147	46,500	0	8,533	167,400	656,714
February	0	0	0	30,102	70,202	7,345	466,374	172,207	746,228	746,228	9,237	42,000	0	7,707	151,200	576,584
March	111	20	131	33,327	77,723	24,372	516,343	195,529	847,294	847,425	8,248	55,800	0	10,240	167,400	662,037
April	27,430	8,842	36,272	32,252	75,216	23,586	499,686	189,222	819,962	856,234	18,844	63,000	31,407	11,560	162,000	631,923
May	422,286	86,164	508,450	33,327	77,723	24,372	516,343	195,529	847,294	1,355,744	40,467	74,400	326,621	13,652	167,400	808,104
June	1,572,408	285,782	1,858,190	32,252	75,216	23,586	499,686	189,222	819,962	2,678,152	28,656	81,000	1,005,694	14,863	162,000	1,466,439
July	1,761,942	314,095	2,076,037	33,327	77,723	8,132	516,343	190,657	826,181	2,902,218	30,578	93,000	566,441	17,065	167,400	2,120,734
August	1,280,621	235,822	1,516,443	33,327	77,723	8,132	516,343	190,657	826,181	2,342,624	25,170	93,000	289,507	17,065	167,400	1,843,982
September	352,591	74,870	427,461	32,252	75,216	7,869	499,686	184,507	799,530	1,226,991	20,685	72,000	0	13,212	162,000	1,046,094
Total	5,518,647	1,031,963	6,550,610	392,395	915,128	224,097	6,079,517	2,283,341	9,894,478	16,445,088	281,428	786,300	2,294,418	144,284	1,971,000	11,769,458

APPENDIX III

Evaluation of Agricultural Economy Year 2011 and 2012

S/NO	CROPS	2011						2012					
		Cultivated Area (Donum)	Av. Water consumption m^3/Donum	Tot. Water consumption (m^3)	Incomes (USD)/ Donum	Total Incomes (USD)	Incomes (USD)/ (m^3)	Cultivated Area (Donum)	Av. Water consumption (m^3)/Donum	Tot. Water consumption (m^3)	Incomes (USD)/Donum	Tot. Incomes (USD)	Incomes (USD)/ (m^3)
1	Beans(Dry)	1561	416.58	650284.71	90.79	141719.57	0.22	1671	414.58	692765.8571	287.16	479841.18	0.69
2	Potato(Atm)	4710	663.27	3123982.14	1610.69	7586353.66	2.43	3940	664.30	2617338.571	1454.24	5729723.66	2.19
3	Onion(Dry)	1212	538.26	652372.57	1418.58	1719317.48	2.64	1225	540.61	662250.5714	1139.11	1395410.13	2.11
4	Vegetable(Gr)	2406	337.83	812812.86	667.01	1604826.86	1.97	2598	337.84	877703.7143	755.92	1963867.63	2.24
5	Tomato	1505	790.53	1189749.41	4134.15	6221899.65	5.23	1475	785.30	1158322.941	2770.74	4086842.95	3.53
6	Cucumber	375	559.15	209683.06	5981.56	2243083.30	10.70	356	555.05	197599.2941	1118.59	398216.45	2.02
7	Paper	246	771.69	189835.06	3942.79	969926.11	5.11	235	769.97	180942	4309.42	1012713.47	5.60
8	Squash	150	463.53	69529.41	2362.35	354352.58	5.10	256	463.53	118663.5294	2377.00	608512.41	5.13
9	Peas	175	494.29	86500.00	2088.18	365431.12	4.22	349	480.83	167810	701.38	244782.47	1.46
10	Artichoke	2399	427.02	1024431.18	2017.95	4841056.78	4.73	2429	419.01	1017773.529	2478.35	6019916.54	5.91
11	Strawberry	91	708.07	64434.71	3490.43	317629.07	4.93	107	706.01	75543.26471	4554.81	487364.74	6.45
12	Potato(Spr)	2088	403.97	843484.29	4223.50	8818668.57	10.46	3322	402.61	1337454.286	1996.14	6631172.83	4.96
13	Eggplant	388	768.86	298316.94	3422.77	1328036.40	4.45	440	762.94	335694.3529	4369.12	1922412.53	5.73
14	Melon	2068	497.89	1029632.35	1862.89	3852452.84	3.74	2098	495.71	1039996.471	1331.92	2794373.73	2.69
15	Beans(Gr)	1487	580.39	863034.29	2654.61	3947411.51	4.57	1608	578.03	929480	2510.81	4037385.69	4.34
16	Carrot	231	596.58	137808.86	1639.35	378689.61	2.75	549	605.26	332288.2857	1771.89	972766.20	2.93
17	Cabbage	556	441.43	245435.88	2586.57	1438131.03	5.86	607	393.94	239123.0588	2516.39	1527446.87	6.39
18	Fruits	6352	1126.78	7157310.59	719.60	4570906.14	0.64	6393	1130.31	7226097.647	585.26	3741544.03	0.52
19	Grapes	686	530.54	363950.59	4645.58	3186869.44	8.76	24145	530.32	12804648	182.77	4412980.29	0.34
20	Citrus	40935	1025.59	41982430.41	2235.62	91515148.51	2.18	40073	1025.42	41091552.76	1633.46	65457494.44	1.59
21	Alfalfa	2086	839.46	1751120.71	609.88	1272208.91	0.73	2016	839.47	1692379.286	579.19	1167651.05	0.69
	Total	71,707		62,746,140.02	52,404.84	146,674,119.2		95,892		74,795,427.42		115,092,419.3	

❖ Beans(dry) - Dry Bean
❖ Potato(atm) - Potato Autum
❖ Potato (spr) - Potato Spring
❖ Vegetable(Gr) - Green Vegetable

APPENDIX IV

Long Term Average Annual Precipitation in TRNC

Month / Years	January	February	March	April	May	June	July	August	September	October	November	December	Annual sum (mm)	Long term Av. Ann. Sum (mm)
1975	85.5	144.2	24.3	47.2	32.4	5.4	0.0	0.2	2.3	5.4	34.7	129.8	511.4	373.0
1976	37.9	53.8	53.8	74.4	45.5	2.0	5.4	0.6	8.4	32.6	55.4	75.6	445.4	373.0
1977	82.6	11.6	54.5	33.1	0.2	1.4	4.0	0.0	15.0	12.3	3.4	116.2	334.3	373.0
1978	149.6	37.4	43.1	16.4	0.0	0.2	0.0	0.0	0.2	21.6	6.4	108.5	383.4	373.0
1979	63.6	67.7	41.0	10.8	15.8	19.9	0.4	0.4	1.1	38.6	38.8	107.0	405.1	373.0
1980	46.3	100.3	37.6	12.0	12.6	0.2	0.0	0.3	1.5	18.9	12.0	49.8	291.5	373.0
1981	123.5	70.7	41.6	18.1	22.7	24.0	0.0	0.0	0.2	3.3	64.4	38.1	406.6	373.0
1982	34.1	50.7	55.1	13.4	8.7	12.3	0.2	2.0	3.2	15.2	27.0	35.1	257.0	373.0
1983	45.0	58.6	43.7	21.0	20.2	14.0	0.0	0.8	2.8	22.0	53.7	32.9	314.7	373.0
1984	41.6	35.5	36.4	63.7	1.6	0.0	1.5	3.1	0.0	2.5	130.5	60.2	376.6	373.0
1985	77.5	44.5	31.4	13.6	6.1	1.9	0.0	0.0	5.7	27.4	23.7	78.9	310.7	373.0
1986	33.2	68.7	18.7	9.7	55.6	5.8	0.0	0.0	2.6	47.3	85.0	51.6	378.2	373.0
1987	40.8	16.7	118.4	16.4	11.8	0.5	1.3	0.2	0.0	55.3	25.3	138.2	424.9	373.0
1988	63.6	112.9	79.9	8.7	5.1	3.3	2.0	0.9	2.4	34.0	60.6	103.1	476.5	373.0
1989	86.1	13.1	31.5	0.0	5.7	1.4	0.0	0.0	0.3	48.9	34.5	33.4	254.9	373.0
1990	23.3	106.2	29.2	6.5	6.3	0.2	0.0	4.8	0.0	14.5	6.6	18.2	215.8	373.0
1991	67.0	57.2	39.9	8.5	1.2	0.2	0.0	0.0	0.7	18.0	70.6	216.8	480.1	373.0
1992	31.2	81.3	20.5	5.0	21.6	31.3	10.7	6.3	0.0	3.2	62.8	143.5	417.4	373.0
1993	53.0	65.1	55.2	6.9	38.5	11.6	0.0	0.0	0.0	0.8	55.0	11.6	297.7	373.0
1994	106.9	62.9	54.1	23.2	4.0	0.6	1.9	1.9	5.4	41.9	127.9	43.5	474.2	373.0
1995	20.4	21.6	11.9	20.2	15.9	0.1	13.7	0.0	0.1	5.7	35.8	10.7	156.1	373.0
1996	101.7	37.3	46.4	24.9	0.9	2.7	0.0	2.5	0.4	39.1	12.0	57.8	325.7	373.0
1997	11.2	32.2	40.3	35.5	8.0	8.1	0.1	4.3	28.1	26.5	53.9	59.9	308.1	373.0
1998	54.5	13.7	42.1	8.9	28.1	3.8	0.0	0.0	3.0	0.6	31.1	99.2	285.0	373.0
1999	86.0	37.8	24.5	22.3	2.3	15.2	1.0	4.5	5.7	19.6	18.5	21.1	258.5	373.0
2000	44.9	52.5	43.3	62.9	12.7	1.6	0.0	0.8	19.1	36.5	86.0	125.9	486.2	373.0
2001	44.3	48.0	8.5	18.6	23.2	0.0	0.0	12.4	0.6	18.6	41.3	180.4	395.9	373.0
2002	88.0	36.5	30.0	45.5	28.1	3.4	6.8	3.8	9.8	11.2	23.6	146.3	433.0	373.0
2003	52.4	122.0	87.5	23.8	5.0	20.6	0.0	0.2	1.3	9.1	21.3	90.1	433.3	373.0
2004	217.6	84.4	1.4	11.4	6.0	4.4	0.0	0.0	0.0	18.6	59.2	86.4	489.4	373.0
2005	85.9	28.5	20.6	23.4	11.4	32.3	0.0	0.8	10.3	11.5	101.1	8.9	334.9	373.0
2006	98.7	38.0	37.3	13.4	4.6	1.5	13.2	0.0	6.8	63.7	38.1	64.3	379.5	373.0
2007	32.4	129.3	36.0	21.3	73.1	0.5	0.8	1.9	0.4	6.4	27.8	43.3	373.1	373.0
2008	23.2	29.8	9.6	7.5	17.1	0.2	0.0	3.6	8.8	19.6	16.6	76.5	212.4	373.0
2009	60.5	74.3	52.8	15.8	13.6	0.1	0.5	3.7	26.1	33.2	39.0	150.7	470.2	373.0
2010	105.7	143.2	5.7	11.7	13.6	7.3	1.3	0.4	1.9	11.7	0.4	51.4	354.1	373.0
2011	95.7	43.5	37.7	43.5	30.1	17.2	0.0	0.2	14.4	11.2	92.8	64.4	450.7	373.0
2012	160.6	61.8	22.6	14.1	50.7	3.4	2.1	1.3	0.0	66.4	80.5	106.9	570.4	373.0

Implication of Excessive Water Extraction in Guzelyurt Aquifer (Sea Water Intrusion)

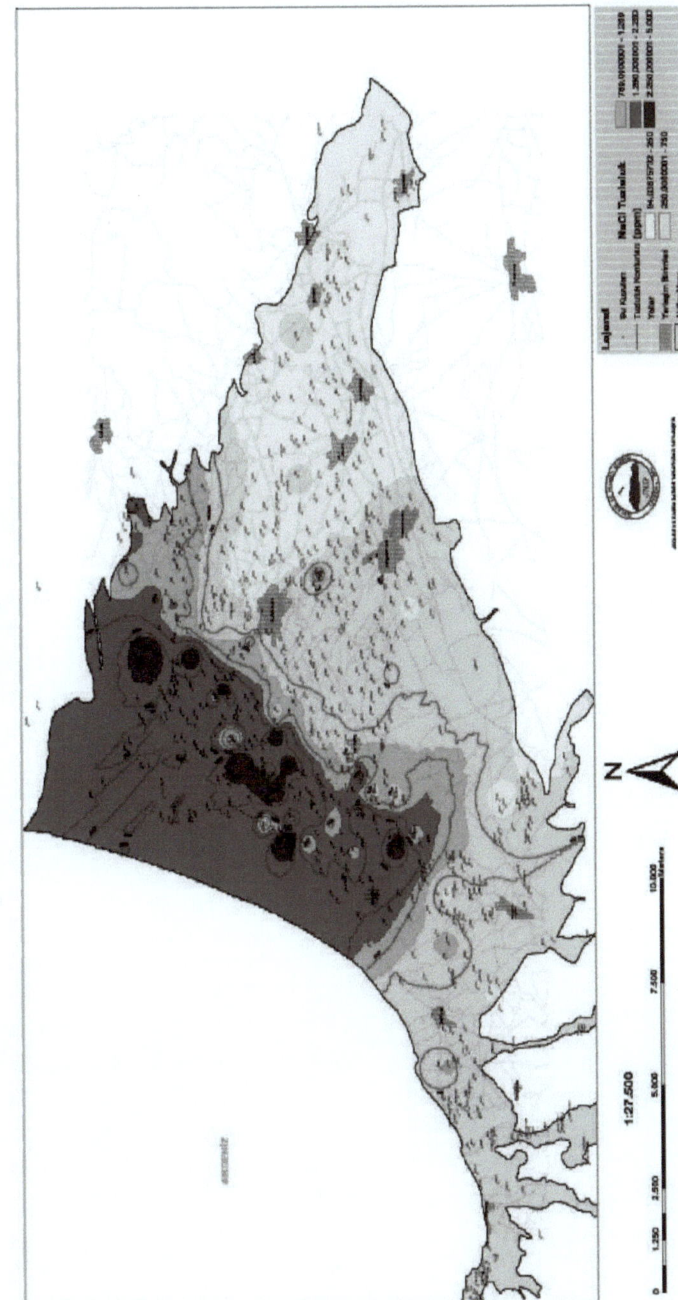

yes
I want morebooks!

Buy your books fast and straightforward online - at one of world's fastest growing online book stores! Environmentally sound due to Print-on-Demand technologies.

Buy your books online at
www.morebooks.shop

Compre os seus livros mais rápido e diretamente na internet, em uma das livrarias on-line com o maior crescimento no mundo! Produção que protege o meio ambiente através das tecnologias de impressão sob demanda.

Compre os seus livros on-line em
www.morebooks.shop

info@omniscriptum.com
www.omniscriptum.com

Printed by Books on Demand GmbH, Norderstedt / Germany